T0195050

essentials

essentials liefern aktuelles Wissen in konzentrierter Form. Die Essenz dessen, worauf es als „State-of-the-Art" in der gegenwärtigen Fachdiskussion oder in der Praxis ankommt. *essentials* informieren schnell, unkompliziert und verständlich

- als Einführung in ein aktuelles Thema aus Ihrem Fachgebiet
- als Einstieg in ein für Sie noch unbekanntes Themenfeld
- als Einblick, um zum Thema mitreden zu können

Die Bücher in elektronischer und gedruckter Form bringen das Expertenwissen von Springer-Fachautoren kompakt zur Darstellung. Sie sind besonders für die Nutzung als eBook auf Tablet-PCs, eBook-Readern und Smartphones geeignet. *essentials:* Wissensbausteine aus den Wirtschafts-, Sozial- und Geisteswissenschaften, aus Technik und Naturwissenschaften sowie aus Medizin, Psychologie und Gesundheitsberufen. Von renommierten Autoren aller Springer-Verlagsmarken.

Weitere Bände in dieser Reihe http://www.springer.com/series/13088

Katrin van der Ven · Monika Pohlmann
Corinna Hößle

Social Freezing

Die Möglichkeiten der modernen
Fortpflanzungsmedizin und die
ethische Kontroverse

Katrin van der Ven
Universitätsklinikum Bonn
Bonn, Deutschland

Monika Pohlmann
Universität zu Köln
Köln, Deutschland

Corinna Hößle
Carl von Ossietzky Universität
Oldenburg
Oldenburg, Deutschland

Mit freundlicher Unterstützung der Fritz Thyssen Stiftung, Köln, Deutschland

Fritz Thyssen Stiftung
FÜR WISSENSCHAFTSFÖRDERUNG

ISSN 2197-6708 ISSN 2197-6716 (electronic)
essentials
ISBN 978-3-658-17941-0 ISBN 978-3-658-17942-7 (eBook)
DOI 10.1007/978-3-658-17942-7

Die Deutsche Nationalbibliothek verzeichnet diese Publikation in der Deutschen Nationalbiblio-
grafie; detaillierte bibliografische Daten sind im Internet über http://dnb.d-nb.de abrufbar.

Springer VS
© Springer Fachmedien Wiesbaden GmbH 2017

Gedruckt auf säurefreiem und chlorfrei gebleichtem Papier

Springer VS ist Teil von Springer Nature
Die eingetragene Gesellschaft ist Springer Fachmedien Wiesbaden GmbH
Die Anschrift der Gesellschaft ist: Abraham-Lincoln-Str. 46, 65189 Wiesbaden, Germany

Was Sie in diesem *essential* finden können

- Eine Einführung in die mit der modernen Fortpflanzungsmedizin verbundenen neuen Chancen und Risiken sowie davon jeweils berührte ethische Werthaltungen.
- Eine mehrperspektivische Darlegung zum Social Freezing aus medizinischer, gesellschaftlich-politischer, bildungspolitischer und ethischer Sicht.
- Einen Ausblick zu den gesellschaftlichen Herausforderungen im demokratischen Diskurs zur normativen Klärung reproduktionsmedizinischer Techniken.

Vorwort

Diese Publikation reflektiert die Ergebnisse eines interdisziplinären Fachsymposiums, das im Juni 2016 unter der wissenschaftlichen Leitung der Autorinnen von der Stiftung Wissen der Sparkasse KölnBonn realisiert und von der Fritz Thyssen Stiftung gefördert wurde. Wir danken den Teilnehmerinnen und Teilnehmern für ihre Beiträge, die in diese Publikation eingeflossen sind. Unser Dank geht auch an die Stiftung Wissen der Sparkasse KölnBonn und die Fritz Thyssen Stiftung, die das Fachsymposium und diese Publikation ermöglicht haben.

Bonn, Deutschland   Katrin van der Ven
Köln, Deutschland   Monika Pohlmann
Oldenburg, Deutschland   Corinna Hößle

Inhaltsverzeichnis

Einführung

Die Erfüllung des Kinderwunsches hat im Rahmen assistierter Reproduktion mittlerweile eine hoch technisierte, vernunftgeleitete Gestalt angenommen, die die vormals fraglose Intimität und Unverfügbarkeit der Fortpflanzung Schritt für Schritt zurückdrängt und sie gar zu überwinden versucht. Durch den Einsatz künstlicher Befruchtungsmethoden (IVF) und Leihmutterschaft ist dabei die räumliche Auslagerung von Befruchtung und Schwangerschaft möglich geworden. Gleichzeitig hat sich der Kreis der an der Fortpflanzung beteiligten Personen erweitert und durch Techniken wie Social Freezing sind auch altersbedingte zeitliche Beschränkungen der Reproduktion überwindbar geworden. Eichinger beschreibt diese Entwicklungen und Effekte als „fundamentale Entgrenzung der Fortpflanzung" (Eichinger 2013, S. 66).

Wie weit darf der Kinderwunsch gehen? Stößt er lediglich an technische Grenzen oder gibt es auch ethische Grenzen, die durch entsprechende Gesetze zu schützen sind? An dieser Stelle sollen unterschiedliche Argumente, die in der öffentlichen Diskussion gegeneinander abgewogen werden, dargestellt und kritisch diskutiert werden. Dabei steht die kontrovers diskutierte Frage im Vordergrund, ob das Social Freezing in Zukunft in Deutschland erlaubt sein sollte.

Ein zentrales Argument, das für die rechtliche Freigabe des Social Freezings in Deutschland spricht, berührt die reproduktive Gleichberechtigung. Was für Männer aufgrund ihrer biologischen Konstitution ohne Intervention möglich ist – die Vaterschaft im hohen Alter – dürfte gerechterweise auch Frauen nicht mit Rekurs auf ihr Alter verwehrt bleiben. Damit ist die moderne Frau befreit vom Diktat der biologischen Uhr. War es bisher nur Männern vorbehalten gewesen, sich im späteren Alter fortzupflanzen, eröffnet das Social Freezing nun auch Frauen die Möglichkeit der späten Mutterschaft, indem in deren jungen Jahren Eizellen gewonnen, eingefroren und zu einem zukünftigen Zeitpunkt wieder aufgetaut werden. Dieses Verfahren

© Springer Fachmedien Wiesbaden GmbH 2017
K. van der Ven et al., *Social Freezing*, essentials,
DOI 10.1007/978-3-658-17942-7_1

stößt auf eine günstige gesellschaftliche Ausgangsituation: Wie die demografische Entwicklung der vergangenen Jahrzehnte belegt, steigen das durchschnittliche Alter der Erstgebärenden wie auch die durchschnittliche Lebenserwartung beständig an. Gleichzeitig sind immer längere Ausbildungszeiten mit einem immer späteren Berufseinstieg, eine wachsende Priorisierung der beruflichen Karriere von Frauen sowie die selbstbestimmte Partnerwahl für die heutige Gestaltung des Lebens charakteristisch geworden. So ist abzusehen, dass in Zukunft vermehrt ältere Frauen einen Kinderwunsch realisieren werden, die dann auf die in jungen Jahren eingefrorenen Eizellen zurückgreifen können (Friebel 2013). Social Freezing erhöht damit die Möglichkeiten der beruflichen Selbstverwirklichung von Frauen im Beruf: Im für die Karriere entscheidenden Lebensalter zwischen 30 und 40 Jahren können Frauen mit Kinderwunsch familienbedingte Ausfallzeiten umgehen bzw. nach hinten verschieben. Dieses Angebot birgt jedoch gleichzeitig das Risiko, dass Arbeitgeber wie Apple und Facebook jungen Frauen die Möglichkeit des Social Freezings nahelegen, um die jungen Arbeitskräfte zunächst an den Arbeitsplatz zu binden. Ermöglicht das Social Freezing tatsächlich berufliche Selbstverwirklichung oder liegt vielmehr ein weiterer Schritt von Steuerung des Privatlebens durch die Arbeit vor? Hagemann hält diese Situation für problematisch: „Indem Unternehmen so eine Möglichkeit anbieten, wird es systemisch – und das kann Druck auf die Frauen ausüben, sich dazu verpflichtet zu fühlen" (Groll 2014, S. 1). Geraten Frauen unter Optimierungsdruck oder bietet das Social Freezing Wahlmöglichkeiten, die die Abhängigkeit von der biologischen Uhr überwinden?

Indem Frauen selbst in einem höheren Alter Mütter werden können, ist eine Entgrenzung der Fortpflanzung in zeitlicher Hinsicht zu konstatieren. Sozial Freezing berührt demnach nicht nur die reproduktive Gleichberechtigung, sondern auch die reproduktive Selbstbestimmung angehender Wuncheltern bzw. angehender Mütter. So kann der Zeitpunkt der Familiengründung durch die Möglichkeit der zeitlichen Entgrenzung selbst festgelegt werden. Social Freezing ermöglicht die Realisierung des Kinderwunsches zum Beispiel auch dann, wenn man den passenden Partner erst spät oder gar nicht im Leben findet. Sollte auch im späten Alter kein geeigneter Partner zur Verfügung stehen, können die aufgetauten Eizellen auch mit Spendersamen im Ausland befruchtet werden. Neben der zeitlichen Entgrenzung liegt somit auch eine, wie Eichinger es bezeichnet, „sozial-personale Entgrenzung" (Eichinger 2015, S. 67) vor. Statt exklusiver Teil einer vertrauten Zweierbeziehung zu sein, ist die Mitwirkung Außenstehender an der Fortpflanzung nun prinzipiell möglich und manchmal auch nötig, um den späten Kinderwunsch zu erfüllen.

Darüber hinaus konstatiert Eichinger (ebd.) eine räumlich-körperliche Entgrenzung der Fortpflanzung, die dadurch gegeben ist, dass sich der gesamte Prozess in Einzelschritte segmentieren lässt (Gewinnung der Eizellen und zeitlich versetzte

Übertragung des Embryos „im hellen Licht aseptischer Labore", ebd. S. 67), die dann nicht mehr „notwendigerweise an ein und denselben Ort gebunden sind, sondern an unterschiedlichen, auch weit voneinander entfernt liegenden Stellen vorbereitet werden und ablaufen können" (Eichinger 2013, S. 67).

In diesem Zusammenhang wird häufig die Frage diskutiert, ob die Natürlichkeit der menschlichen Fortpflanzung und ihrer biologisch-körperlichen Bedingungen einen inhärenten Wert besitzt, der durch den Einsatz reproduktionsmedizinischer Verfahren und Techniken verloren geht. Der Frage kann mit einer Gegenfrage begegnet werden: Kann aus der körperlichen Verfasstheit von Mann und Frau Normatives für eine ethische Bewertung der reproduktionstechnologischen Methoden wie dem Social Freezing abgeleitet werden, ohne in die Argumentationsfalle des naturalistischen Fehlschlusses zu gehen? Aus der beschreibenden Beobachtung des menschlichen Fortpflanzungsverhaltens lässt sich noch keine Norm ableiten, die wegweisend ist. „Was lässt sich aus dem Spannungsverhältnis von natürlicher Zweckdienlichkeit der biologischen Ausstattung des Menschen für die Sicherung seiner Nachkommenschaft einerseits und seiner wesensmäßigen Fähigkeit, den eigenen Reproduktionsprozess technisch zu beeinflussen und dessen natürliche Beschränkungen hinter sich zu lassen andererseits, für eine anthropologische Bestimmung gewinnen?" (Eichinger 2013, S. 72).

Bei all den Vorteilen der späten Mutterschaft, die oben angeführt wurden, sollten die gesundheitlichen Risiken, die in seltenen Fällen mit den Eingriffen rund um das Social Freezing verbunden sind, bedacht werden. Frauen setzen sich ohne medizinische Notwendigkeit (Qualitätsverlust der Eizellen und abnehmende Fruchtbarkeit im fortgeschrittenen Alter sind keine Krankheiten!) den Risiken der invasiven Eingriffe der Eizellentnahme im Rahmen der begleitenden IVF-Behandlung/en aus (Letztgenanntes erfolgt häufig mehrmals, bis der gewünschte Erfolg eintritt). Dabei sollte nicht außer Acht gelassen werden, dass eine mehrmalige Hormonbehandlung sowohl zur Stimulation der Eizellbildung als auch zur Vorbereitung des Embryonentransfers erfolgt, die, ebenso wie die Eizellentnahme selbst, mit Komplikationen verbunden sein kann. Kollek diskutiert im deutschen Ethikrat folgende Risiken, die mit dem Eingriff einhergehen können: psychische und zeitliche Belastung durch die Behandlung; ovarielles Überstimulationssyndrom (OHSS), schwere Form ca. 0,36 %; Komplikationsrisiko bei Follikelpunktion 0,86 %; Wahrscheinlichkeit von Mehrlingsschwangerschaften, Einlinge 77,8 %, Zwillinge 21,21 %, Drillinge 0,97 %; psychische Belastung durch Misserfolg (Kollek 2010). Darüber hinaus darf nicht vernachlässigt werden, dass die Möglichkeit einer späten Mutterschaft eine späte Schwangerschaft umfasst, die insbesondere für Erstgebärende eine schwere körperliche Belastung darstellen kann.

In diesem Zusammenhang wird häufig hinterfragt, inwieweit sich das fortgeschrittene Alter der Eltern auf die Entwicklung und das Wohl des Kindes auswirkt. Eine späte Elternschaft hat sicherlich den Vorteil, dass das Kind in finanzieller Sicherheit und gefestigten Lebensbedingungen der Eltern aufwächst. Als Nachteil könnte es sich erweisen, dass für die Kinder ein höheres Risiko besteht, Elternteile altersbedingt frühzeitig zu verlieren. Als weiterer Nachteil wird in der Öffentlichkeit häufig die Frage diskutiert, ob Eltern mit zunehmendem Alter weniger belastbar sind. Müller gibt noch einen weiteren Punkt zu bedenken: „Wenn man Kinder im letzten Drittel bekommt, dann rückt man die Säuglings- und Kleinkindphase in den Mittelpunkt seines Elternlebens, abgesehen von dieser frühen Elternschafts-Idylle ist das Eltern-Kind-Verhältnis auch für wichtige Lebensabschnitte wie die Entscheidungen für einen Beruf oder andere Phasen der Lebensplanung wichtig. Eine späte Elternschaft muss eine derartige Teilhabe mehr oder weniger ausschließen" (Müller 2013, S. 262). Auf der anderen Seite wird zu diesem Aspekt angemerkt, dass insbesondere Eltern fortgeschrittenen Alters gelassener im Umgang mit der individuellen Herausforderung der Elternschaft sein können. Sicherlich sind die hier genannten Vor- und Nachteile sehr stark von den gesundheitlichen, persönlichen und den sozialen Konstitutionen der Wunscheltern abhängig und müssen einzelfallbezogen abgewogen werden.

Hinsichtlich der Frage, ob man das Verfahren des Social Freezings in Deutschland zulassen sollte, steht der zentrale ethische Wert Wohl des Kindes sicherlich im Vordergrund der Diskussion. Dabei geht es nicht nur um die Frage, ob Eltern im fortgeschrittenen Alter zumutbar sind, sondern eher um zu erwartende Identitäts- und gesundheitliche Probleme der auf diesem Wege erzeugten Kinder. In diesem Zusammenhang muss man die Eizellgewinnung und die sich daran anschließende Vitrifikation (Einfrieren und Lagern bei minus 196 Grad Celsius in flüssigem Stickstoff) unterscheiden vom Einsetzen der befruchteten Eizelle/n und der sich daran anschließenden Schwangerschaft. Während die gesundheitlichen Risiken der Vitrifikation von Eizellen im Hinblick auf Auswirkungen auf die Entwicklung des Kindes aufgrund mangelnder Begleitforschung noch wenig bekannt sind, können bereits konkrete Risiken zur Methode der IVF genannt werden. Das mit Abstand größte Risiko der IVF stellen die Mehrlingsgeburten dar. Mit etwa 21 % Mehrlingsgeburten in Deutschland liegt die Rate der Zwillingsgeburten 20-fach und die der Drillingsgeburten 200-fach höher als bei einer natürlichen Schwangerschaft. Mehrlingsschwangerschaften werden von Ärzten als Risikoschwangerschaften eingestuft, weil der Schwangerschaftsverlauf für Mehrlinge gewisse Gefahren sowohl für die Mutter als auch die Kinder birgt. Für die werdende Mutter bedeutet eine Mehrlingsschwangerschaft eine wesentlich größere Belastung.

Bei Mehrlingsschwangerschaften kommt es durch einen vorzeitigen Blasensprung oder eine Zervixinsuffizienz häufig zu einer Frühgeburt. Je mehr Kinder im Leib der Mutter heranwachsen, desto kürzer ist die durchschnittliche Schwangerschaftsdauer. Während eine einfache Schwangerschaft durchschnittlich 267 Tage dauert, verkürzt sie sich bei Zwillingen auf etwa 262 Tage und dauert bei Drillingen im Durchschnitt 247 Tage. Des Weiteren kann es bei Mehrlingsschwangerschaften zu Wachstumsverzögerungen, Fehlgeburten, Fehlbildungen, einem intrauterinen Fruchttod oder einer seltenen Durchblutungs- und Ernährungsstörung (fetofetales Transfusionssyndrom, FFTS) kommen. Das Risiko hierfür ist bei Zwillingen mit einer gemeinsamen Chorionhöhle erhöht. Beim FFTS entwickelt sich ein Ungeborenes auf Kosten der anderen Kinder. Die Schwächeren bleiben in ihrer Entwicklung zurück. Bei gesundheitlicher Gefahr der Mutter kann die Anzahl der Mehrlinge durch einen ärztlichen Eingriff reduziert werden (Fetozid). Dieser Eingriff ist sicherlich mit einer erheblichen psychischen Belastung für die Frau mit Kinderwunsch verbunden und sollte vor dem Transfer von drei Embryonen in einem Beratungsgespräch genau hinsichtlich der zu erwartenden Folgen abgewogen werden.

Weiter sind die Risiken und Auswirkungen von Präeklampsie (erhöhter Blutdruck, vermehrte Eiweißausscheidung im Urin und Wassereinlagerungen) sowie einer Fehllage der Plazenta nach einer IVF deutlich erhöht, was die normale Entwicklung des Kindes negativ beeinflussen kann (Romundstad et al. 2008, Wischmann 2008).

Scherrer ging in seiner Studie (Scherrer 2012) der Frage nach, ob die In-vitro-Fertilisation auch das Risiko für kardiovaskuläre Erkrankungen der Wunschkinder erhöht. Es bestand die Annahme, dass bisher vernachlässigte epigenetische Veränderungen der Regulation von Genen, die im Rahmen einer IVF auftreten könnten, den späteren Ausbruch von Krankheiten begünstigen. Scherrer konnte zeigen, dass von insgesamt 122 Kindern (12 Jahre) 65 IVF-Kinder im Vergleich zu den 57 auf natürlichem Weg entstandenen Kindern eine steifere Arm-Arterie und eine verdickte Halsschlagader aufwiesen. Zudem war ihr Blutdruck im Lungenkreislauf bei reduziertem Sauerstoffdruck erhöht. Dafür, dass diese signifikant pathologischen Veränderungen mit dem Verfahren der IVF und nicht mit anderen Faktoren zusammenhängen, gibt es laut Scherrer gute Argumente. So zeigte sich eine gestörte Gefäßregulation nur bei Kindern nach IVF. Normal gezeugte Geschwister von IVF-Kindern waren dagegen frei davon. Und auch Kinder, deren Mütter sich nur hormonell stimulieren ließen, schnitten bei den Tests unauffällig ab. Die Forschung konzentriert sich nun auf die Frage, wodurch die epigenetischen Veränderungen der Regulation von Genen, die eine Auswirkung auf die Entwicklung des Kindes haben, während des IVF-Prozesses ausgelöst werden.

Neben den gesundheitlichen Risiken sollten auch die psychosozialen Auswirkungen des Social Freezings auf die Wunschkinder betrachtet werden. Die Entwicklung der Eltern-Kind-Beziehung nach assistierter Reproduktion wurden insbesondere in der „European Study of assisted reproduction families" (zum Beispiel Golombok et al. 1996, S. 11, 34) gründlich an 102 Familien nach IVF, 94 Familien nach donogener Insemination (DI), 102 Familien nach Adoption und weiteren 102 Familien mit spontan empfangenem Kind untersucht. Die Eltern-Kind-Beziehung war bei den 4- bis 8-jährigen Kindern in beiden Gruppen nach assistierter Reproduktion positiver gegenüber den Gruppen mit spontan gezeugten Kindern. Bei den 11-jährigen IVF-Kindern in der Adoleszenz zeigte sich zwar eine leichte Tendenz zur Überbehütung durch die Mütter, die Fragen zu dieser These waren in der Studie aber nicht klar vom allgemeinen elterlichen emotionalen Engagement zu unterscheiden. So ergab auch eine andere Untersuchung an 246 IVF-Müttern und 127 IVF-Vätern keine Auffälligkeiten im sogenannten „Parent-Child Relationship Inventory". Kaum Ergebnisse liegen zu der Frage vor, inwieweit das Bekanntwerden der Zeugungsmethode Auswirkung auf die Identitätsentwicklung des Kindes hat. Schmidhuber betont in diesem Zusammenhang, dass Personen insbesondere das Verlangen haben, zu wissen, woher sie kommen, um sich mit sich selbst auseinandersetzen zu können. Dabei ist insbesondere die Frage nach der genetischen Herkunft hinsichtlich der Ausbildung der persönlichen Identität von Bedeutung. Es scheint „keineswegs zentral für gelingende persönliche Identitätsentwicklung zu sein, wie man gezeugt wurde, vielmehr ist es wesentlich, wie man aufwächst" (Schmidhuber 2013, S. 144). Dennoch spielt natürlich die Frage eine Rolle, ob und wann man seinem Kind mitteilen möchte, dass man die Möglichkeiten des Social Freezings in Anspruch genommen hat. Es hat sich gezeigt, dass eine frühzeitige Aufklärung der Kinder vorteilhaft ist für die persönliche Entwicklung. Krisen entstehen vor allem dann, wenn Kinder sich betrogen fühlen (Thorn 2013).

Neben den direkt betroffenen Personen, den Wuscheltern und deren Wunschkindern, sind auch indirekt betroffene Personen in das Social Freezing involviert. Dabei handelt es sich um die Reproduktionsmediziner, die zwei Anliegen verfolgen: Zum einen sind sie an der Minderung des persönlichen Leids der Wunscheltern interessiert und helfen deshalb mit den modernen Methoden der Reproduktionsmedizin (assistierte Fortpflanzung), zum anderen geht es um persönliche finanzielle Interessen. Die Methode des Social Freezings ist keine Kassenleistung und bleibt deshalb wohl hauptsächlich Frauen zugänglich, die über das nötige Budget verfügen. Um die empfohlene Menge von 10 bis 15 Eizellen zu erhalten, müssen einige Frauen mit mehreren Behandlungszyklen rechnen. Die Kosten pro Zyklus werden derzeit mit 3000 bis 4000 EUR pro Eizellenentnahme inklusive aller notwendigen Medikamente angegeben, wenn die Behandlung in deutschen IVF-Zentren durchgeführt wird. Dazu kommen Kosten für die Lagerung, die etwa 300 EUR pro Jahr betragen. Seit 2015 bietet erstmals eine deutsche Kryobank ein Komplettpaket an, bei dem die Hochsicherheitslagerung der Eizellen inklusive ist. Sollte eine Frau auf ihre konservierten Eizellen zurückgreifen, müssen die Kosten für eine künstliche Befruchtung ebenfalls dazugerechnet werden, die bei mindestens 2000 EUR je Durchführung liegen. Bereits jetzt wird deutlich, dass sich um das Thema Social Freezing ein interessanter Markt entwickelt. In den USA veranstalten bereits erste Fruchtbarkeitsfirmen (z. B. EggBanxx) Egg-Freezing-Partys, auf denen kräftig für die Anwendung der neuen Technologie unter jungen Frauen geworben wird. Es lässt sich nicht leugnen, dass sich dort ein neuer, interessanter Wirtschaftszweig entwickelt, der mit der biologischen Uhr der Frau sein Geld verdient.

Zusammenfassend kann festgestellt werden, dass die Schaffung einer eigenen Eizellreserve zum Zweck einer zeitlich selbstbestimmten Schwangerschaft auf den ersten Blick die Möglichkeit bietet, das eigene Leben durch eine späte Mutterschaft zu bereichern, d. h., Social Freezing kann dazu beitragen, das Leben gelingender zu gestalten. Auf den zweiten Blick wird jedoch deutlich, dass mit der gewonnenen reproduktiven Autonomie gleichzeitig gesundheitliche Risiken und finanzielle Aufwendungen verbunden sind, die es gegen die Vorteile abzuwägen gilt. Im Rahmen künstlich assistierter Befruchtungstechnologien liegen Chancen und Risiken des instrumentellen Paradigmas besonders eng beieinander. Unerwünschte und leidvolle Effekte von schicksalhafter Kinderlosigkeit können zwar minimiert werden, was andererseits aber eben dazu führen kann, dass die Zeugung eines Kindes mehr und mehr Gegenstand eines planmäßigen unkontrollierten Herstellungsprozesses wird (Eichinger 2013, S. 73).

Die medizinische Perspektive

2

Methoden der assistierten Reproduktion (ART) sind in den letzten Jahrzehnten zu einem fest etablierten Teil des Behandlungsspektrums der Fortpflanzungsmedizin geworden, aber weiterhin nicht unumstritten. Kernpunkte der Diskussion bleiben Fragen nach dem Krankheitswert eines unerfüllten Kinderwunsches, der Übernahme des essenziell privaten Vorgangs der Reproduktion in ein medizinisches Setting und möglichem Missbrauch der Methoden. Im Vergleich zu den USA und anderen europäischen Ländern ist die Akzeptanz der ART in der Bevölkerung in Deutschland geringer, das Spektrum der verfügbaren Methoden und Forschungsmöglichkeiten zudem gesetzlich deutlich eingeschränkt. Das deutsche Embryonenschutzgesetz von 1991 (ESchG) erlaubt Standardmethoden der künstlichen Befruchtung (IVF, ICSI), verbietet aber Eizellspende und Leihmutterschaft (§ 1 und § 3 ESchG) und regelt zusätzlich Bedingungen der Embryonenkultur wie z. B. die Höchstzahl der Embryonen, die erzeugt und transferiert werden dürfen. Die Gewinnung und Kryokonservierung von Eizellen ist im Rahmen des Embryonenschutzgesetzes erlaubt, fällt aber unter die Regelungen des Transplantationsgesetzes (§ 2 ESchG, § 8 TPG).

Seit Einführung der In-vitro-Fertilisation (Steptoe und Edwards 1978) bzw. der intrazytoplasmatischen Spermainjektion (ICSI) als Modifikation der extrakorporalen Befruchtung (Palermo et al. 1992) stieg das Wissen um die Biologie der Fortpflanzung rasant, verbunden mit höheren Erfolgschancen für Patientinnen und einer deutlichen Risikoreduktion der Therapien. Diese Tatsachen dürfen nicht darüber hinwegtäuschen, dass viele biologische Fragestellungen auch heute noch offen sind oder sich durch die Fortentwicklung der labortechnischen Möglichkeiten erst neu ergeben. Als Beispiel seien hier mögliche epigenetische Veränderungen der Erbsubstanz durch eine verlängerte Embryonenkultur und den Einsatz neuer Kulturmedien oder potenzielle Folgen der Kryokonservierung von Eizellen oder Embryonen mit Konsequenzen für die Gesundheit geborener Kinder angeführt.

© Springer Fachmedien Wiesbaden GmbH 2017
K. van der Ven et al., *Social Freezing*, essentials,
DOI 10.1007/978-3-658-17942-7_2

Nachdem die Reproduktionsmedizin sich als seriöses Feld, das seine Berechtigung aus der Behandlung medizinisch bedingter Fälle von Unfruchtbarkeit bezieht, erst positionieren musste, verschiebt die Möglichkeit des Social Freezings erneut Perspektiven und Selbstverständnis des Gebietes.

Als Social Freezing wird gemeinhin definiert das Einfrieren und Lagern eigener Eizellen bei gesunden Frauen mit der Option, diese später im Leben aufzutauen und durch eine künstliche Befruchtung eine Schwangerschaft herbeizuführen. Die „Nutzung" der kryokonservierten Oozyten erfordert immer eine intrazytoplasmatische Spermainjektion, da eine natürliche Befruchtung nicht mehr möglich ist. Eine Schwangerschaft kann potenziell auch nach Versiegen oder deutlichen Verschlechterung der Ovarialfunktion mit vergleichsweise jungen, qualitativ besseren eigenen Eizellen noch erreicht werden. Das Verfahren muss abgegrenzt werden von der Fertilitätsprotektion, bei der die Kryokonservierung von Eizellen oder Ovarialgewebe vor einer medizinisch indizierten keimzellschädigenden Therapie wie einer Chemo- oder Strahlentherapie bei Krebserkrankungen erfolgt.

Social Freezing bedient sich also der etablierten Methoden der Reproduktionsmedizin als Instrument der Vorsorge und reproduktiven Autonomie. Beim Social Freezing steht einzig der Wunsch der „Kundin" im Raum, die limitierte Phase der eigenen natürlichen Fruchtbarkeit durch das geplante Einfrieren von Eizellen zu verlängern. Es ist zum Zeitpunkt der Eizellentnahme zudem unklar, ob die „Kundin" ihre Eizellen später überhaupt nutzen will oder kann. Diese Entwicklung in Richtung einer Lifestylemedizin hat in Medizinerkreisen erhebliches Unbehagen ausgelöst, verbunden mit der Notwendigkeit, sich hinsichtlich der Ansprüche der Patientinnen, aber auch gegenüber der Öffentlichkeit zu positionieren. Entscheidende Aspekte für Akzeptanz und Verantwortbarkeit des Verfahrens sind hierbei Patientensicherheit, verantwortbare Risiken in Relation zu den erwartenden Erfolgschancen, medizinische und soziale Konsequenzen einer späten Schwangerschaft für Mutter und Kind und ein seriöser Umgang mit den gewinnorientierten Aspekten der Methode.

Hormonelle ovarielle Stimulation und Follikelpunktion sind etablierte Standardverfahren der Reproduktionsmedizin mit vergleichsweise geringen Behandlungsrisiken (DIR 2014), die übertragbar auf Patientinnen bei Social Freezing sind. Bekannt und gut dokumentiert sind ebenso erhöhte Fehlbildungsrisiken für Kinder nach künstlicher Befruchtung und die Erhöhung der schwangerschafts- und geburtshilflichen Risiken wie z. B. Wachstumsretardierung, Frühgeburtlichkeit und Präeklampsie nach ART.

Die Anlage einer sogenannten Fertilitätsreserve ist erst seit der massiven Verbesserung der Einfriertechniken für unbefruchtete Eizellen zu einer realistischen

Option für Patientinnen geworden. Nach Publikation der ersten Geburten nach Slow Freezing (Chen et al. 1986) bzw. Vitrifikation von Eizellen (Kuleshova et al. 1999) wurde erst vor wenigen Jahren der experimentelle Status der Methode von den führenden Fachgesellschaften aufgehoben (ASRM 2013). Die Optimierung der Vitrifikationstechnik, d. h. des Schockgefrierens von Eizellen ermöglicht Befruchtungs- und Schwangerschaftsraten, die denen bei Einsatz frischer Oozyten im Rahmen der ART vergleichbar sind. Die Überlebensrate vitrifizierter Eizellen nach dem Wiederauftau liegt bei annähernd 90 % und wird durch die Lagerungsdauer nicht beeinflusst (Cobo und Diaz 2011; Cobo et al. 2016). Maternale und kindliche perinatale Morbidität bei Schwangerschaften nach Vitrifikation sind im Vergleich zur regulären künstlichen Befruchtung nach ersten Publikationen nicht erhöht (Chian et al. 2008; Noyes et al. 2009; Cobo et al. 2014).

Einschränkend muss angeführt werden, dass Daten zur Vitrifikation unbefruchteter Eizellen hauptsächlich von Instituten stammen, die große Spender-Eizellbanken betreiben. Das Alter von Eizellspenderinnen liegt durchschnittlich deutlich unter dem der Patientinnen, die Social Freezing in Anspruch nehmen, weshalb die dargestellten Ergebnisse nur mit Vorbehalt übertragbar sind. Neuere Publikationen speziell zu Social Freezing belegen aber eine Vergleichbarkeit der kryobiologischen Resultate beider Gruppen. Altersbereinigte Befruchtungs- und Schwangerschaftsraten nach Vitrifikation sind vergleichbar mit regulärer künstlicher Befruchtung (Cobo et al. 2016; Doyle et al. 2016), allerdings sind die untersuchten Kollektive noch klein.

Parallel zur altersabhängigen Reduktion des Follikelpools in den Ovarien nimmt die Qualität der heranreifenden Eizellen, gemessen an Befruchtungsfähigkeit, Entwicklungskompetenz der Embryonen und Schwangerschaftsoutcome ab. Limitierender Faktor ist die mit steigendem Alter der Patientin zunehmende Rate von Chromosomenstörungen in den Oozyten, die sich direkt in abnehmenden Implantationsraten, aber gleichzeitig ansteigenden Abortraten im Falle einer Schwangerschaft spiegeln. Die Erfolgschancen des Social Freezings sind folglich abhängig von der Zahl der verfügbaren Oozyten und dem Alter der Kundin bei Entnahme. Gegenwärtig wird die Konservierung von mindestens 15–20 Eizellen empfohlen, um realistische Chancen auf eine Geburt zu haben, was zumeist mehrere Zyklen der ovariellen Stimulation und Eizellentnahme erfordert. Aktuelle Auswertungen an allerdings kleinen Kollektiven ergeben Implantationsraten pro kryokonservierter/aufgetauter Eizelle zwischen 8,2 % für Patientinnen von 30–34 Jahren und 2,5 % für die Altersgruppe von 41–42 Jahren (Doyle et al. 2016). Die durchschnittliche Lebendgeburtenrate pro kryokonservierter Eizelle wurde in dieser Publikation und auch von anderen Autoren (Cobo et al. 2016) mit 6,5 % beziffert. Die genannten Ergebnisse dokumentieren eindrücklich den Effekt des

ovariellen Alterns auf Schwangerschaftschancen nach Social Freezing, der den
Patientinnen gegenüber auch klar benannt werden muss.

Sowohl die klinischen Behandlungsschemata zur Eizellgewinnung als auch die
kryobiologischen Methoden sind aktuell so weit ausgereift, dass Social Freezing
bei geeigneten Patientinnen ohne inakzeptabel erhöhte Risiken mit adäquaten
Erfolgschancen angeboten werden kann. Das Wissen bezüglich der Langzeitrisi-
ken der Vitrifikation ist naturgemäß begrenzter und sollte gegenüber der Patientin
thematisiert werden.

Beim Social Freezing finden die Kryokonservierung von Oozyten und deren
spätere Nutzung zeitlich getrennt statt. Die Patientinnen müssen deshalb schon
zum Zeitpunkt der Eizellgewinnung über mögliche gesundheitliche Konsequenzen einer späten Schwangerschaft aufgeklärt werden. Bei einer Schwangerschaft
nach Social Freezing addieren sich Risiken der vorausgegangenen Sterilitätsthera-
pie zu Risiken durch präexistente Erkrankungen und das erhöhte maternale Alter.
Konkrete Daten für dieses Kollektiv, die eine exakte Quantifikation des Risikos
erlauben würden, existieren nicht. Studien an Schwangeren über 45 Jahren dokumentieren jedoch einheitlich ein deutlich erhöhtes Risiko für mütterliche und
kindliche Morbidität und auch Mortalität. Einer suffizienten präkonzeptionellen
Beratung, die insbesondere das Alter und den Gesundheitszustand der Klientin bei
der späteren Inanspruchnahme der kryokonservierten Eizellen einbezieht, kommt
hier besonderes Gewicht zu. Die ärztliche Verantwortung erstreckt sich somit weit
über die Eizellgewinnung und Kryokonservierung hinaus bzw. wird besonders
relevant zum Zeitpunkt der Herbeiführung einer Konzeption. Aus dem Konflikt
zwischen ärztlicher Verantwortung und Patientenautonomie resultieren zahlreiche
bislang noch ungelöste Fragen, wie z. B. die Festlegung eines adäquaten Höchstal-
ters der Patientinnen bei Kryokonservierung und mehr noch bei der späteren
Nutzung der Eizellen oder einer vertraglich vereinbarten Höchstdauer der Eizellla-
gerung. Besonders problematisch ist das Vorgehen bei einer eindeutigen materna-
len Risikosituation vor Herbeiführung einer Schwangerschaft.

Eine gesetzliche Regelung dieser Fragestellungen besteht in Deutschland
nicht, es ist zudem offen, ob diese den sehr individuellen Problemstellungen bei
Social Freezing gerecht werden könnte oder die angestrebte reproduktive Autonomie der Patientinnen erneut einschränken würde. Das Netzwerk *Ferti*PROTEKT,
ein Zusammenschluss reproduktionsmedizinischer Zentren im deutschsprachi-
gen Raum veröffentlichte 2012 eine Stellungnahme zum Social Freezing, die
gewünschte Grundvoraussetzungen für Patientinnen, aber auch für Zentren, die
Social Freezing anbieten, bündelt. Ebenso wie andere Fachgesellschaften betont
*Ferti*PROTEKT den Stellenwert einer individuellen, situationsgerechten medizinischen und psychosozialen Beratung.

Diese ist umso relevanter, als die Kosten eines Social Freezings von den Patientinnen selbst getragen werden müssen und das Verfahren auf internationaler Ebene und zunehmend auch in Deutschland eine Kommerzialisierung erfährt. Valide Daten zur Nutzung des Social Freezings hierzulande existieren nicht, eine Statistik des Netzwerks *Ferti*PROTEKT zeigt jedoch eine stetige Zunahme der Beratungen und Therapien. Die Gesamtzahl der Nutzerinnen des Social Freezings im Jahr 2015 in Deutschland wird auf etwa 500 geschätzt.

Zusammenfassend ist Social Freezing eine Variante der Reproduktionsmedizin, die sich eindeutig aus dem medizinischen Indikationsspektrum gelöst hat und, ähnlich wie die Pille, weitreichende Konsequenzen für Partnerschafts- und Familienstrukturen und die individuelle Lebensplanung von Frauen haben könnte. Interessanterweise nimmt bislang die Mehrzahl der Frauen das Verfahren nicht zu Zwecken der Optimierung des persönlichen Berufs- oder Lebensweges, sondern als Reaktion auf veränderte gesellschaftliche Strukturen und mangels eines adäquaten Partners in Anspruch (Cobo et al. 2016). Social Freezing sollte aufgrund der Physiologie des ovariellen Alterns in Zeiten höchster Fertilität, d. h. vor dem dreißigsten Lebensjahr erfolgen. Nach gegenwärtigen Statistiken erwägen in Deutschland und Europa mehrheitlich Frauen jenseits der optimalen fertilen Phase diese Methode. Fraglich bleibt demzufolge, ob die Methode unter diesen Bedingungen dem Anspruch der Emanzipation von der zeitlichen Limitation der Fruchtbarkeit wirklich gerecht werden kann. Da nach einer Befragung des Allensbacher Instituts der Einfluss des Lebensalters auf die Fruchtbarkeit deutlich unterschätzt wird (IfD Allensbach 2007), kommt einer massiven Aufklärung von schulischer und frauenärztlicher Seite Bedeutung zu, da erst das Wissen um die zeitlichen Limitationen der weiblichen Fruchtbarkeit eine langfristige eigenverantwortliche Lebensplanung möglich macht. Dieses Wissen scheint durch die Entkoppelung von Sexualität und Fortpflanzung nach Einführung der oralen Kontrazeption nicht mehr ausreichend präsent zu sein.

Ob Social Freezing mit allen finanziellen und körperlichen Belastungen ein Lösungsweg ist, kann nur jede Patientin individuell für ihre eigene Lebenssituation entscheiden. Obwohl eine Verbesserung der Rahmenbedingungen für Familiengründung und Berufstätigkeit zu bevorzugen wären, stellt die Methode für Frauen gegenwärtig keine ideale, aber immerhin eine neue Option zur Gestaltung ihrer reproduktiven Autonomie dar, die von Patienten- und Arztseite reflektiertes und verantwortungsbewusstes Handeln fordert.

Was bedeutet das Social Freezing für die individuelle Patientin?

Für Social Freezing ist die Gewinnung möglichst vieler reifer Metaphase-II-Oozyten notwendig. Im physiologischen Ovarialzyklus kommt es überwiegend zum Heranreifen einer Metaphase-II-Oozyte. Erster Behandlungsschritt der Kryokonservierung von Eizellen ist die ovarielle Stimulationsbehandlung mit Follikelstimulierendem Hormon (FSH). Entsprechend den physiologischen Vorgängen der Follikelreifung beginnt die Stimulationsbehandlung mit FSH am 2./3. Zyklustag vor Selektion des dominanten Follikels. Für die kontrollierte ovarielle Stimulationsbehandlung wird gentechnologisch hergestelltes rekombinantes FSH (Follitropin alfa/beta) subkutan einmal täglich injiziert. Um bei Heranreifen mehrerer Follikel einen vorzeitigen Anstieg des luteinisierenden Hormons (LH) zu verhindern, erfolgt ab dem 6./7. Stimulationstag zusätzlich die Gabe eines Gonadotropin-Releasing-Hormon(GnRH)-Antagonisten subkutan. GnRH-Antagonisten blockieren die LH-Freisetzung in der Hypophyse innerhalb weniger Stunden. Zum Monitoring des Follikelwachstums werden vaginale Ultraschall- und Hormonkontrollen (z. B. Estradiol) durchgeführt. Bei Erreichen einer Follikelgröße von ca. 18 mm erfolgt die Induktion der finalen Eizellreifung durch Nachahmung des LH-Anstiegs mittels GnRH-Agonist. Die durchschnittliche Dauer der ovariellen Stimulationsbehandlung beträgt 9–13 Tage. Die ovarielle Follikelpunktion zur Eizellgewinnung wird standardmäßig transvaginal, ultraschallgesteuert und meist in Narkose durchgeführt. Wichtigster hormoneller Parameter für die individuelle Durchführung der ovariellen Stimulationsbehandlung ist das Anti-Müller-Hormon (AMH). AMH ist heute der beste Parameter der ovariellen Funktionsreserve. Mit der AMH-Bestimmung kann die zu erwartende ovarielle Reaktion vorhergesagt und die Dosierung individualisiert werden. Die Kryokonservierung von Eizellen ist eine Behandlung auf Wunsch und keine lebensnotwendige medizinische Therapie. Umso wichtiger sind die Sicherheit in der Therapiedurchführung und die detaillierte Aufklärung über mögliche Risiken und Komplikationen. Die Komplikationen des Social Freezings unterteilen sich in Komplikationen der Stimulation, des operativen Eingriffs und möglicher Langzeitfolgen für die Patientinnen. Auf mögliche Folgen für die spätere Schwangerschaft und geborene Kinder wird in diesem Artikel nicht eingegangen.

Risiken der ovariellen Stimulation
Das ovarielle Überstimulationssyndrom (OHSS) ist eine schwerwiegende, potenziell lebensbedrohliche Komplikation der ovariellen Stimulationstherapie. Es ist gekennzeichnet durch eine Flüssigkeitsverschiebung vom intra- in den extravasalen Raum mit Bildung von Aszites, Pleuraergüssen, Hämokonzentration und erhöhtem Thromboserisiko. Die Induktion der finalen Eizellreifung für die ovarielle Punktion mit humanem Choriongonadotropin (hCG) stellt den entscheidenden Auslösefaktor für die Entwicklung eines OHSS dar.

Moderne Stimulationsschemata für Social Freezing verzichten auf die Gabe von hCG zur Induktion der finalen Eizellreifung, um eine hoch dosierte Stimulationsbehandlung mit Heranreifen möglichst vieler Follikel ohne Überstimulationsrisiko zu erreichen (s. o.). Die ovarielle Stimulationsbehandlung stellt aufgrund der Vergrößerung der Ovarien einen Risikofaktor für die Adnextorsion dar. Die akute Adnextorsion ist ein seltener, operativer Notfall in der Gynäkologie.

Komplikationen der ovariellen Punktion
Die Komplikationsrate bei Follikelpunktionen ist < 1 %. Hauptkomplikation sind vaginale Blutungen. Intraabdominale Blutungen, Verletzungen anderer Organe (z. B. Darmverletzungen) und Infektionen sind eine Seltenheit. Die Schmerzen nach der ovariellen Punktion werden in der Mehrheit gut toleriert, starke Beschwerden werden nur selten angegeben. Die Narkose für die ovarielle Punktion wird heute bei jungen und gesunden Frauen als sehr komplikationsarm eingestuft.

Langzeitfolgen – Karzinomrisiko
Unter ovarieller Stimulationsbehandlung für eine ART werden Estradiolserumspiegel erreicht, die weit über dem physiologischen Level im ovariellen Zyklus liegen, jedoch nur für einen biologisch kurzen Zeitraum. Von Seiten der Tumorbiologie ist durch den zeitlichen Faktor eine Karzinomentstehung unwahrscheinlich. Vorliegende Daten zeigen keine Erhöhung hormonabhängiger Karzinome (Mamma-, Endometrium- und Ovarialkarzinom) nach ovarieller Stimulationsbehandlung für Maßnahmen der assistierten Reproduktion.

PD Dr. med. Dolores Foth
MVZ PAN Institut für endokrinologie und reproduktionsmedizin, Köln

Social Freezing – Reproduktionsbiologische Hintergründe und aktuelle Sicht
Im Gegensatz zu den stets neu gebildeten männlichen Keimzellen befinden sich bei der Frau die Keimzellen als Pool von Primordialfollikeln (PROF) bereits zum Zeitpunkt der Embryonalentwicklung in einem entdifferenzierten Stadium in den Eierstöcken. Die Zahl der PROF ist pränatal im etwa sechsten Schwangerschaftsmonat mit ungefähr 7×10^6 am größten und nimmt postnatal bis zum Einsatz der Pubertät exponentiell ab. Zum Zeitpunkt der ersten Blutung liegen in etwa nur noch 400.000 PROF vor, die sich in Kohorten zu

Primär- und Sekundärfollikeln weiterentwickeln. Nur lediglich ca. 450 PROF differenzieren sich monatlich zu sprungreifen Tertiärfollikeln, die meiotisch kompetente Eizellen hervorbringen.

Die zyklische Minimierung der Follikelpools ist bei jüngeren Frauen bedeutend langsamer im Vergleich zu Älteren. Verantwortlich dafür ist das in den Follikelzellen gebildete Anti-Müller-Hormon (AMH). Dieses verhindert in ausreichender Konzentration die Rekrutierung einer zu großen Anzahl von PROF, während sich mit zunehmendem Alter der Rückgang durch den Abfall der AMH-Konzentration bei Verminderung des Follikelpools beschleunigt. Ab dem etwa 37. Lebensjahr beginnt eine rasante Atresie der noch verbliebenen Follikel mit ihren Eizellen, was sich im Blutserum in einem niedrigen AMH- und kompensatorisch erhöhten Follikelstimulierenden-Hormon (FSH)-Wert widerspiegelt. Ist die Follikelreserve in beiden Eierstöcken fast vollständig erschöpft, spricht man vom Eintritt in die Menopause, die sich klinisch unter anderem durch das Ausbleiben der monatlichen Menstruation darstellt (Rieger et al. 2014; Cordes und Göttsching 2013).

Kryokonservierung von unbefruchteten Eizellen

Als zeitgemäßes Verfahren bedient man sich bei der Kryokonservierung der – im Vergleich zu befruchteten – besonders kryosensitiven unbefruchteten Eizellen des ultraschnellen Einfrierverfahrens, der sogenannten Vitrifikation. Dieses überführt die Zellen unmittelbar nach dem Eintauchen in flüssigen Stickstoff in einen glasähnlich amorphen Zustand, bevor eine intrazelluläre Eiskristallbildung einsetzen kann, die die Zellen schädigt. Sie können dann bei −196 °C unbegrenzt gelagert werden. Damit ausreichend Eizellen kryokonserviert werden können, bedarf es im Vorfeld einer medikamentösen ovariellen Stimulation. Im Durchschnitt können danach ca. 13 Eizellen gewonnen werden, wobei deren Anzahl deutlich alterskorreliert ist (von Wolff et al. 2015a).

Auch die Erfolgsrate der sensiblen unbefruchteten Eizellen nach Vitrifikation ist nicht nur auf eine sichere Handhabung des Anwenders zurückzuführen (Levi Setti et al. 2014; Solé et al. 2013), auch hier nimmt mit zunehmendem Alter die Befruchtungsrate der Eizellen, die Entwicklungskompetenz und das Schwangerschafts-Outcome kontinuierlich ab (von Wolff et al. 2015a). Eine Kryokonservierung von unbefruchteten Eizellen sollte daher idealerweise bis zum 35. Lebensjahr professionell erfolgen. Die Geburtenrate pro Stimulation beträgt bis dahin ca. 40 %, bei den 35- bis 39-Jährigen etwa 30 % und bei 40- bis 44-Jährigen sinkt sie auf unter 15 % – bedingt auch durch die geminderte Anzahl der gewonnenen Eizellen (von Wolff et al. 2015b). Werden die unbefruchteten Eizellen später im Rahmen einer Kinderwunschbehandlung aufgetaut, ist – da vor der Kryokonservierung zur Beurteilung der Reife die umgebenden „Hüllzellen" entfernt wurden – eine konventionelle In-vitro-Fertilisation (IVF) nicht mehr möglich. Auch bei einem unauffälligen Spermiogramm des Mannes wird eine intrazytoplasmatische Spermieninjektion (ICSI) angewendet, was einer weiteren Manipulation der Zellen und weiterer Kosten bedarf.

Kryokonservierung von befruchteten Eizellen
Die alternative Kryokonservierung von befruchteten Eizellen ist eine schon lang angewandte und sicher praktikable Methode in der Reproduktionsmedizin. Sie garantiert sehr hohe Auftau- und auch Schwangerschaftsraten, was wohl auf das Fehlen des Spindelapparats nach Beendung der Meiose zurückzuführen ist (Nawroth 2015). Die Kryokonservierung dieser Zellen kann sowohl im automatischen langsamen Einfrierverfahren als auch mittels der Vitrifikation vorgenommen werden, wobei Letztere sich auch hier zunehmend als Methode der Wahl durchsetzt.

Wird eine Kryokonservierung von befruchteten Eizellen geplant, was im Bereich Social Freezing allerdings eher selten der Fall ist, dann sollte sich die Klientin in einer festen Partnerschaft befinden. Um dennoch ihre Unabhängigkeit zu gewährleisten, wird selbst bei einer festen Partnerschaft oft zu einem Splitting (50 % befruchtet, 50 % unbefruchtet kryokonserviert) geraten.

Kryokonservierung von Eierstockgewebe
Die Kryokonservierung von Eierstockgewebe mit anschließender Transplantation bei altersbedingter Minderung der Eierstockfunktion und deren Eizellqualität ist im Bereich Social Freezing noch keine routiniert angewandte Methode. Dennoch könnte dieses Verfahren zunehmend an Bedeutung gewinnen. Nicht nur der Aspekt der hormonellen „Funktionserneuerung" und somit auch möglichen Verschiebung der Wechseljahrproblematiken, auch die Tatsache, dass hunderte bis tausende Eizellen in ihrem physiologischen Zellverband in kleinen Gewebestückchen kryokonserviert werden, könnte den entscheidenden Vorteil gegenüber der in der Anzahl limitierten Eizellkryokonservierung bieten.

Ideal sind die Bedingungen bei jungen Klientinnen bis 30 Jahre, da deren Eierstöcke in der Regel noch sehr viele Eizellen, eingebettet in Cluster von PROF, über die gesamte Eierstockrinde aufweisen (Luyckx et al. 2013; Fabbri et al. 2012). Als Altersobergrenze empfiehlt der Verein „*Ferti*PROTEKT Netzwerk" im Bereich der onkologischen Fertilitätsprotektion 35 Jahre, wobei diese Grenze im Einzelfall abhängig von der Eierstockreserve (AMH-Wert, Anzahl antraler Follikel im Ultraschall) abweichen kann.

Eine Wiederherstellung der natürlichen weiblichen Hormonproduktion durch die Rekrutierung und das Wachstum der konservierten PROF konnte bei onkologischen Patientinnen in den meisten Fällen drei bis sechs Monate nach Transplantation nachgewiesen werden (van der Ven et al. 2016; Dittrich et al. 2015; Jensen et al. 2015; Andersen et al. 2012) – mit allerdings begrenzter Funktionsdauer.

Nach einer aktuellen Registerauswertung des *Ferti*PROTEKT Netzwerk e. V. kann derzeit bei bis zu 70 % aller Krebspatientinnen eine natürliche Hormonproduktion nach Transplantation von kryokonserviertem Eierstockgewebe erreicht werden (van der Ven et al. 2016; Liebenthron et al. 2015) – eine steigende Tendenz ist aber auch hier mit zunehmender Fallzahl sicher anzunehmen. Die Lebendgeburtenrate nach Transplantation von Eierstockgewebe kann aktuell mit etwa 28 % pro Patientin beschrieben werden – bei einem Durchschnittsalter zum Zeitpunkt der Entnahme und Kryokonservierung des Eierstockgewebes von 30,5 Jahren (van der Ven et al. 2016; Dittrich et al. 2015; Jensen et al. 2015; Liebenthron et al. 2015).

Was neben der Machbarkeit allerdings noch zu sagen wäre
So positiv die Errungenschaften beim Social Freezing erscheinen mögen, so kritisch sollten sie auch gesehen werden. Es ist mit einer erheblichen finanziellen Belastung zu rechnen, die nicht in jedem Fall eine Schwangerschaft im höheren Lebensalter garantiert. Ohne medizinischen Grund (!) sind zusätzliche medizinische Eingriffe notwendig, die bei den Klientinnen potenziell zu Komplikationen führen können. Bei der Kryokonservierung und späteren Transplantation von Eierstockgewebe bedarf es aktuell noch Studien, die die Auswirkungen des „verjüngten" Hormonspiegels im eigentlich (prä)menopausalen Alter genauestens evaluieren (von Wolff und Stute 2015), bevor diese Anwendung bedenkenlos gesunden Klientinnen „verkauft" werden kann.

Dr. Jana Liebenthron
Reproduktionsbiologin, Biologische Leiterin des IVF Labor und der Kryobank für menschliche Gameten und Ovarialgewebe, Universitätsklinikum Bonn

Maternales Alter – Risikofaktor für Schwangerschaft, Geburt und Wochenbett?
Es ist bislang nicht möglich, das Risiko für Frauen, die nach Social Freezing eine Schwangerschaft austragen, zu quantifizieren, da diesbezügliche Daten nicht existieren. Eine Einschätzung kann man aus Auswertungen von Schwangerschaften nach reproduktionsmedizinischen Maßnahmen erhalten. Darüber

hinaus ist es wichtig, Auswirkungen schwangerschaftsbedingter Organverän-
derungen altersspezifisch zu berücksichtigen. Zwar ist eine Schwangerschaft
per se keine Krankheit, jedoch kann sie bestimmte Komplikationen begünstigen; so ist z. B. die Blutgerinnung in Richtung verstärkte Gerinnbarkeit verschoben, es besteht ein erhöhtes Thrombose-Risiko.

Schwangerschaftsbedingte Veränderungen (z. B. die Zunahme des Blutvo-
lumens) nehmen bei Frauen mit einer Vorerkrankung einen besonderen Stellenwert ein, weil sie einen negativen Effekt ausüben können. Da parallel zum
Alter auch die Wahrscheinlichkeit steigt, dass Schwangere bereits vorerkrankt
sind, verstärken sich Alter und Vorerkrankung bezüglich des reproduktiven
Risikos.

Nicht nur sogenannte Zivilisationskrankheiten (Adipositas, Hypertonie,
Typ 2 Diabetes), sondern auch andere Vorerkrankungen (z. B. Autoimmun-
oder Nierenerkrankungen) resultieren in einem Anstieg von Komplikationen
in der Schwangerschaft und beinhalten potenziell ein sehr hohes mütterliches
Risiko.

Messgröße des reproduktiven Risikos ist die Müttersterblichkeit. Hierunter
versteht man den Tod einer Frau während Schwangerschaft, Geburt und Wochenbett, falls die Todesursache in Bezug zur Schwangerschaft oder deren Behandlung steht. Zuverlässige Zahlen zur Müttersterblichkeit liefert seit über 50 Jahren
die britische Datenbank CEMACH (Lewis 2011). Aus den Daten der CEMACH
geht hervor, dass Todesursachen aufgrund von Vorerkrankungen – allen voran
Erkrankungen des Herz-Kreislauf-Systems – mittlerweile die Müttersterblichkeit dominieren; trotz intensiver Bemühungen konnte in dieser Kategorie bisher
kein Rückgang erzielt werden. Aus der CEMACH lässt sich auch – bezogen auf
das mütterliche Gesundheitsrisiko – die dritte Lebensdekade als ideales Alter für
eine Schwangerschaft ableiten. Im Vergleich zu 20- bis 30-Jährigen liegt für über
40-Jährige das relative Risiko, während Schwangerschaft, Geburt und Wochenbett zu sterben, bei 3,7 %.

Zusammengefasst: Das reproduktive Risiko steigt ab dem dreißigsten
Lebensjahr parallel zum Alter. Für klassische geburtshilfliche Komplikationen
(z. B. Präeklampsie) besteht ein 2- bis 4-fach erhöhtes Risiko. Vorerkrankungen, die mit zunehmendem Alter häufiger werden, können Komplikationen
begünstigen und zu einem ungünstigen Schwangerschaftsausgang bis hin zum
mütterlichen Versterben führen.

PD Dr. med. Waltraut Maria Merz, MSc
Leitung, Bereich Geburtshilfe, Zentrum für Geburtshilfe und Frauenheilkunde,
Universitätsklinikum Bonn

Gebührt dem Social Freezing ein seriöser Stellenwert in der Reproduktionsmedizin in Deutschland?

Historischer Hintergrund

Die erfolgreiche Kryokonservierung unbefruchteter Eizellen ist schon lange möglich. Obwohl aber bereits 1986 über die erste erfolgreiche Schwangerschaft beim Menschen nach Verwendung solcher Eizellen berichtet wurde (Chen 1986), setzte sich die Methode erst im Verlaufe der letzten etwa 10 Jahre in der Routine der humanen Reproduktionsmedizin durch. Grund dafür war die Etablierung einer ultraschnellen Einfriermethode, die bei diesen sensiblen Zellen eine Überlebensrate nach dem Auftauen von > 90 % erreichte. Lange bekannt ist, dass die Lagerungsdauer gefrorener Zellen und Gewebe keine Rolle spielt. Diese verschiedenen Fakten führten dazu, dass die Kryokonservierung unbefruchteter Eizellen bei onkologischen Patientinnen im reproduktiven Alter heute eine etablierte Möglichkeit zur Fertilitätsprotektion vor Operationen, Chemotherapien und/oder Beckenbestrahlungen darstellt, aber auch für nicht-medizinische Indikationen (Social Freezing) genutzt werden kann.

Öffentlichkeit und Medien

Obwohl die Fertilität bereits etwa ab Mitte der 3. Lebensdekade einer Frau sinkt, vermuten etwa 30 % der weiblichen Bevölkerung, dass dies erst ab dem ca. 40. Lebensjahr zutrifft (Allensbacher Berichte 2007). Das ist sicherlich nur eine der Ursachen für die zeitliche Verschiebung der Familienplanung. Verschiedene Lebenssituationen können Ursache dafür sein, dass die eigentlich erfolgreichste Form der Fortpflanzung, die spontane Konzeption im „optimalen" Lebensalter, nicht in Betracht gezogen wird. Mit zunehmendem Alter steigt die Wahrscheinlichkeit, dass eine zum Eisprung gelangte Eizelle Störungen ihres Erbmaterials aufweist (z. B. wenigstens 60 % aller Eizellen von Frauen > 40 Jahre), was die Chancen auf eine Schwangerschaft senkt und – im Falle einer Konzeption – zu einem Anstieg der Abortraten führt.

Andererseits suggeriert vor allem die Boulevardpresse mit Berichten über Schwangerschaften prominenter Persönlichkeiten jenseits des 45. oder auch 50. Lebensjahres, dass eine Konzeption auch in diesem Alter noch problemlos möglich sei, verschweigt aber die oft vorangegangene Eizellspende durch eine jüngere Spenderin. Außerdem haben unkritische und meist einseitige Berichte über das „gesponserte" Social Freezing von Firmen wie Apple und Facebook den Eindruck erweckt, dass in nahezu jeder Lebenslage „vorgesorgt" werden kann.

Das alles hat zu einer leider oft unausgewogenen emotionalen und unsachlichen Auseinandersetzung mit diesem Thema in der Öffentlichkeit geführt, wo es eigentlich einer sachlichen Diskussion und Positionierung bedurft hätte.

„Geeignete" Frauen

Die Schwangerschaftschancen bei einem Social Freezing sind abhängig vom Alter der Frau zum Zeitpunkt des Einfrierens sowie der Eizellzahl. Wenn man die Überlebensraten nach dem Einfrieren/Auftauen, die Befruchtungsraten durch die erforderliche intrazytoplasmatische Spermieninjektion (ICSI) sowie die Implantationschancen der Embryonen in Abhängigkeit vom Alter kalkuliert und eine Implantationsrate/aufgetauter Eizelle berechnet, ergaben sich in einer aktuellen Studie 8,2 % für die Altersgruppe 30–34 Jahre, 7,3 % für die Altersgruppe 35–37 Jahre, 4,5 % für die Altersgruppe 38–40 Jahre und 2,5 % für die Altersgruppe 41–42 Jahre (Doyle et al. 2016). Idealerweise sollte eine Frau also jünger als 30 Jahre sein, damit man eine Einnistung mindestens jeder 10. aufgetauten Eizelle erwarten kann.

*Ferti*PROTEKT Netzwerk e. V.

Das sich primär mit der Fertilitätsprotektion onkologischer Patientinnen beschäftigende und in Deutschland, der Schweiz und Österreich aktive Netzwerk (unter anderem www.fertiprotekt.de) hat nach intensiver Diskussion unter seinen Mitgliedern auch eine Stellungnahme zum Social Freezing (Nawroth et al. 2012) sowie erste Daten eines eigenen Registers zur Beratung und Durchführung publiziert (von Wolff et al. 2015b).

Fazit

Zwei Zitate aus eigenen Publikationen sollen das Fazit dieser Ausführungen darstellen.

Natürlich löst die Methode nicht die Probleme, die zum Wunsch der Frauen nach dem Einfrieren ihrer Zellen ohne medizinische Indikation geführt haben. Man kann über berufspolitische und andere Veränderungen diskutieren, die einige der Probleme beeinflussen könnten, aber deren zeitnahe Umsetzung realistisch nicht zu erwarten ist. Das Thema nur unter dem Begriff Selbstoptimierung zu subsumieren, erscheint uns zu einfach und wird nach unserer Meinung der erforderlichen differenzierten Betrachtung nicht gerecht. … Über die medizinischen Zusammenhänge sollte eingehend und differenziert beraten werden, damit die Frauen ihre Erfolgsaussichten realistisch einschätzen können und keiner ungerechtfertigten Erwartungshaltung erliegen. Die Entscheidung für oder gegen eine solche Maßnahme sollte danach den Frauen vorbehalten bleiben (von Wolff et al. 2015c).

Wir Ärztinnen/Ärzte selber werden diejenigen sein, die diese Methode im klinischen Alltag positionieren. Wir können sie und uns diskreditieren, wenn wir aus betriebswirtschaftlichen Erwägungen als „Erfüllungsgehilfen" jedes Patientenwunsches ohne Berücksichtigung des Alters etc. fungieren oder aber sinnvoll helfen, wenn wir einer überschaubaren Klientel nach kritischer Beratung eine Option eröffnen. Diese Balance zu finden, stellt die eigentliche Herausforderung für jede/n Beratende/n dar (Nawroth und von Wolff 2015).

Prof. Dr. med. Frank Nawroth

Facharzt-Zentrum für Kinderwunsch, Pränatale Medizin, Endokrinologie und Osteologie, amedes Hamburg.

Die gesellschaftlich-politische Perspektive

3

Damit schließt sich die Frage an, wie wir als Gesellschaft unter politisch-sozialen Aspekten die rasanten Fortschritte der reproduktionsmedizinischen Techniken bewerten wollen. Wie viel bedeuten uns Werte wie *reproduktive Gleichberechtigung* und *berufliche Selbstverwirklichung* der Frauen? Welche gesellschaftlichen Veränderungen sind Triebfedern für nie gekannte Formen einer Selbstoptimierung, die das klassische Idyll der Kleinfamilie zu bedrohen scheint? Könnte es sein, dass unsere modernen Industrienationen auf gesellschaftspolitische Probleme mit medizinischen Lösungen reagieren?

Interessanterweise sind die Durchbrüche der Reproduktionsmedizin genau in den Jahrzehnten zu verzeichnen, in denen das traditionelle Konzept der Kleinfamilie in die Krise geriet. Die gesellschaftlichen Umbrüche der 1960er und 1970er Jahre stellten eine Phase hoher sozialer Labilität dar. Leih- oder Tragemütter, Eizellspenderinnen und Samenspender sowie die mit diesen Funktionen verknüpften reproduktionsmedizinischen Methoden wurden als Bedrohung der Familie empfunden. Bis heute ist die assistierte Empfängnis in Deutschland von zweifelhaftem Ruf und Leihmutterschaft sowie Eizellspende gesetzlich verboten. Forschungsaufenthalte in Samenbanken, Leihmutter-Agenturen, IVF-Zentren, Begegnungen mit Ärzten, Vermittlern, Wunscheltern und Wunschkindern zeugen jedoch davon, dass die gemeinhin bekannten Vorbehalte gegen die durch medizinische Assistenz entstandenen Familien haltlos sind. Reproduktionsmedizinisch hergestellte Elternschaft verschafft Menschen Zutritt zum klassischen Lebensmodell, denen dieses vorher verwehrt war. Sogenannte Regenbogenfamilien erweisen sich als harmonische Musterfamilien, vielleicht gerade deshalb, weil ein Kind zu bekommen dann keine Selbstverständlichkeit ist, wenn dies ursprünglich aus gesundheitlichen oder biologischen Gründen ausgeschlossen war. Aber nicht nur Menschen, die als unfruchtbar galten, haben dank assistierender Medizin

© Springer Fachmedien Wiesbaden GmbH 2017
K. van der Ven et al., *Social Freezing*, essentials,
DOI 10.1007/978-3-658-17942-7_3

die Chance auf Familie, sondern auch ältere Frauen, Alleinstehende und gleichgeschlechtliche Paare. Ein Leben als Familie mit Kind ist nun auch für solche Personenkreise möglich und oft das Ziel eines lang gehegten Wunsches. Späte Elternschaft hat sowohl Vorzüge als auch Nachteile. Wunscheltern schenken ihren Wunschkindern besonders viel Aufmerksamkeit. In solchen Konstellationen sind weniger soziale und emotionale Probleme sowie eine gute Sprachentwicklung der Kinder feststellbar. Späte Eltern geben finanzielle und emotionale Sicherheit und erweisen sich als besonders geduldig. Die sozialen Bindungen zwischen Wunschkind und Wunscheltern sind besonders gut ausgeprägt. Aus reproduktionsmedizinischen Maßnahmen entstandene Kinder sind Nutznießer einer guten Gesundheitsversorgung, sind länger im Bildungssystem und haben eine höhere Lebenserwartung als andere. Körperliche Probleme können dadurch ausgeglichen werden. Als Nachteil kann bei sogenannten Versorgerkindern die Angst vor Erkrankung oder Sterben der alten Eltern angesehen werden, ebenso das Fehlen von Großeltern, Geschwistern und weiteren Familienangehörigen. Wunscheltern erfahren durch die assistierte Fortpflanzung dagegen meist lang ersehntes Glück.

Verschaffen damit reproduktionsmedizinische Techniken gesundheitlich beeinträchtigten Menschen seit einigen Jahrzehnten neue Chancen auf Familie, sollte untersucht werden, warum unterstützte Fortpflanzung zunehmend auch von Frauen ohne medizinische Notwendigkeit, wie beim Social Freezing, genutzt wird. Daten aus Großbritannien deuten darauf hin, dass die frühe Kryokonservierung von Eizellen seit 2005 in jedem Jahr um 25–30 % zunimmt. Seit den 1970er Jahren lässt sich in allen entwickelten Industrienationen ein bis heute ungebrochener Trend beobachten. Als Folge von Investitionen in die Bildung von Mädchen und die freie Verfügbarkeit sicherer Verhütungsmittel haben sich die Optionen für Lebensläufe von Frauen deutlich erhöht. Staaten nutzen seitdem die durch Aufklärung und Bildung beflügelte Emanzipation der Frau zur Eindämmung des Bevölkerungswachstums. Bei einer Geburtenrate von etwa 1,4 Kindern je Frau ist aber die Bestandserhaltung einer Bevölkerung nicht mehr gewährleistet. Im Vergleich zu anderen entwickelten Industrienationen ist für Deutschland seit Mitte der 1990er Jahre der hohe Anteil älterer Mütter auffällig. Als verantwortlich für die deutliche Zunahme älterer Mütter gelten die guten Bildungschancen für Frauen und im Speziellen das duale Berufsbildungssystem als Ergebnis der umfassenden Bildungsreformen der 1970er und 1980er Jahre. Die kulturelle Interpretation von Ehe und Familie prägt in Deutschland die Entscheidung, eine Familie erst nach Abschluss einer Ausbildung und Eintritt in den Beruf zu gründen. Da sich durch die duale berufliche Bildung in Deutschland 70 % der unter 24-Jährigen in Ausbildung befinden, bekommen diese mehrheitlich keine Kinder. Dies deutlich im Gegensatz zu Ländern ohne duales Bildungssystem, wie es in Frankreich oder in den USA zu beobachten ist. Dort ergreifen die Menschen direkt nach Schulabschluss einen Beruf und bekommen schon in jungen Jahren ihre Kinder. Durch dieses im internationalen Vergleich einmalige Bildungssystem Deutschlands konnten zwischen 2008 und 2013 eine Million neuer Arbeitsplätze geschaffen werden, 750.000 davon für Frauen. Die Berufstätigkeit der Frauen war damit eine Voraussetzung für die günstige ökonomische Entwicklung im Land. Das für Deutschland typische Bildungsverhalten und der späte Abschluss der Ausbildung haben aber eine signifikante Verkürzung der Reproduktionsphase zur Folge. Dazu kommt, dass Fürsorgezeiten mit beruflicher Karriere nicht vereinbar sind. Trotz großer Kraftanstrengungen des Staates in die Verbesserung von Infrastruktur für Kinderbetreuung, einkommensabhängiges Elterngeld und ein Recht auf Teilzeit ist in Deutschland nicht mit einer Veränderung des Fertilitätsverhaltens zu rechnen.

Historisch betrachtet entstammt das bis heute gültige Berufssystem dem Ende des 19. Jahrhunderts als Resultat der Sozialreformen Bismarcks. Es ist dem klassischen Lebenslaufmodell männlicher Beamten, Angestellten und Arbeitern nachgebildet. Ein Vater hatte als Versorger seiner Familie genügend zu verdienen, die Fürsorge oblag der Mutter. Für das drei Arbeitsschichten umfassende System der aufkeimenden Industrien erwies sich dieses Familienmodell als kongenial, da für Kinder über den ganzen Tag ein Erwachsener zur Verfügung stand. Staatlich unterstützte Fürsorgezeiten ergaben sich aus diesem Rollenverständnis nicht. Für unsere heutige, postindustrielle Gesellschaft erweist sich dieses historische, streng lineare Lebenslaufkonzept als hinderlich. Solange es nicht umfassend reformiert wird, verzichten heutige Männer oft bis zum 40. Lebensjahr auf Ehe und Familie. Frauen können diese Entscheidung nicht treffen. Es werden daher staatlich angebotene Fürsorgezeiten zwischen dem 30. und dem 40. Lebensjahr benötigt, die nicht mit Einbußen im Karriereverlauf und der Altersversorgung bestraft werden. Der Staat muss neue, flexible Lebensmodelle entwerfen und rechtlich ermöglichen. In einem neuen Lebenslaufmodell könnten Männer und Frauen gleichermaßen an der Fürsorge ihrer Kinder beteiligt werden. Ausfallzeiten für Qualifizierung oder Familie könnten in freier Gestaltung des eigenen Lebenslaufs auch ans Ende der Phase der Erwerbstätigkeit verschoben werden. Unterbrechungen im Lebenslauf sollten daher eher die Regel als die Ausnahme bilden und gesellschaftliche Akzeptanz finden. Die Dauer der Lebensarbeitszeit könnte in neuen, flexiblen Lebensläufen ein geeignetes Maß für die Absicherung im Alter durch Rente oder Pension sein.

Untersuchungen zeigen, dass Jugendliche zwar umfassend über Möglichkeiten der Verhütung von Schwangerschaften aufgeklärt sind, aber nur ein bescheidenes Wissen über die zeitlich-biologische Begrenztheit ihrer eigenen

Fortpflanzungsfähigkeit haben. Junge Menschen halten medizinische Interventionsmöglichkeiten für quasi omnipotent. In der Konsequenz ergibt sich die Notwendigkeit einer verantwortungsvollen Weitergabe von Informationen zur Vielfalt möglicher Lebensentwürfe. Die Planung und Gestaltung des eigenen Lebenslaufs sollte daher idealerweise als Teil von Unterricht etabliert und auf allen Ebenen des Bildungssystems thematisiert werden. Berufliche Selbstverwirklichung und reproduktive Gleichberechtigung von Frauen sind eng miteinander verzahnte Errungenschaften der aktuellen Informations- und Bildungsgesellschaft. Frauen werden in emanzipatorischer Gesinnung beides, sowohl die berufliche Selbstverwirklichung als auch die reproduktive Gleichberechtigung, vorantreiben. Dies in einem historischen Prozess, der sich nicht umdrehen lassen wird. Frauen wie Männer werden neue Rollen erproben und sich individuell für ganz eigene Lebensentwürfe entscheiden. Neue Zeiten – neue Sitten! Die Vielfalt moderner Lebensoptionen verschafft damit auch der Reproduktionsmedizin einen festen Platz in den entwickelten Industrienationen.

Social Freezing aus der Perspektive der psychosozialen Kinderwunschberatung: Zwischen Kinderwunsch und Kindeswohl

Seit mehreren Jahren wird das Einfrieren von Eizellen oder Ovargewebe Frauen vor einer potenziell fruchtbarkeitsmindernden Heilbehandlung (z. B. im Rahmen einer onkologischen Erkrankung) angeboten. Mithilfe der Vitrifizierung können Eizellen schonend kryokonserviert werden und erreichen nach dem Auftauen eine relativ hohe Befruchtungsrate. Dieses Verfahren wird seit ca. 4 Jahren auch Frauen ohne gesundheitliche Einschränkungen angeboten, die ihren Kinderwunsch erst in einem späteren Alter umsetzen möchten – das sog. Social Freezing.

Es liegen bislang für Deutschland keine belastbaren Daten vor, wie häufig das Social Freezing durchgeführt wird. In den Medien wird mittlerweile von ca. 1000 Frauen jährlich berichtet, die sich über das Verfahren informieren, und von ca. 500, die es tatsächlich durchführen. In Großbritannien kam es zwischen 2005 (59 Frauen, die Eizellen kryokonservieren ließen) und 2015 (816) zu einem Wachstum von 25 % bis 30 % pro Jahr, dort wird jedoch nicht zwischen einer krankheitsbedingten Konservierung und dem Social Freezing differenziert (Human Fertilisation & Embryology Authority 2016). Sicherlich steigen auch in Deutschland die Zahlen, in welchem Umfang, ist jedoch nicht bekannt.

Die psychosoziale Kinderwunschberatung hat zum Ziel, dass Ratsuchende die beabsichtigte Behandlung umfassend informiert angehen und über die kurz- und langfristigen Folgen für sie selbst und das so gezeugte Kind aufgeklärt sind. Damit sollen sie in die Lage versetzt werden, Entscheidungen zu treffen, die für sie auch langfristig tragbar sind. Im Rahmen des Social Freezings sind folgende Themenbereiche relevant:

Medizinischer Eingriff
Ratsuchende müssen um die Risiken des erforderlichen medizinischen Eingriffs wissen und die Erfolgswahrscheinlichkeit (also die Lebendgeburtenrate) in Abhängigkeit von ihrem Alter einschätzen können. Dabei ist zu bedenken, dass sich Frauen ohne medizinisches Erfordernis einer invasiven Behandlung unterziehen.

Kosten
Ratsuchende sollen nicht nur über die Kosten der erforderlichen hormonellen Stimulation und Eizellentnahme, sondern auch über die Folgekosten informiert sein: Es entstehen Lagerungsgebühren für die Eizellen sowie weitere Kosten, wenn diese aufgetaut, mit Sperma befruchtet und eingesetzt werden.

Medizinische Risiken einer späten Schwangerschaft und Geburt
Es ist bekannt, dass bei Frauen über 40 Jahre Risiken wie Bluthochdruck, Gestationsdiabetes, Präeklampsie etc. erhöht sind. Auch kommt es häufiger zu einer Frühgeburt und zur Geburt eines Kindes mit niedrigem Geburtsgewicht (Wunder 2013). Es gibt Anzeichen, dass die Kinder ihrerseits ein erhöhtes Risiko für Bluthochdruck, Diabetes und onkologische Erkrankungen haben (Barclay und Myrskylä 2015).

Vor- und Nachteile der späten Elternschaft
Die wenigen Studien, die die Entwicklung von Kindern später Eltern untersuchten, zeigen sowohl Vor- als auch Nachteile auf: Kinder beschreiben ihre Eltern als sehr geduldig und erhalten viel Aufmerksamkeit. Sie fühlen sich emotional und finanziell gut abgesichert, zeigen eine bessere Sprachentwicklung und weniger soziale und emotionale Probleme auf (Wunder 2013; Zweifel et al. 2012). Grundsätzlich wachsen später geborene Kinder in einem besseren Gesundheitssystem auf, haben eine höhere Lebenserwartung und einen längeren Verbleib im Bildungssystem. Diese verbesserten gesellschaftlichen Bedingungen scheinen die u. a. körperlichen Nachteile auszugleichen (Barclay und Myrskylä 2015). Falls sich die gesellschaftliche Situation jedoch zurückentwickelt, würden ggf. die Nachteile wieder zum Tragen kommen.

Auf der psychologischen und sozialen Ebene zeigen einige Kinder später Eltern Angst vor Erkrankungen oder dem Tod eines (oder beider)

Elternteile(s), sie beschreiben sich als „Versorger-Kinder", die sich in einem frühen Alter um Eltern kümmern müssen, sind verlegen wegen des Alters ihrer Eltern und deren Aussehen und viele haben keine Geschwister, keine Großeltern (mehr) und/oder keine weiteren Familienangehörige (Zweifel et al. 2012). Nach einer Samen- oder Eizellspende entstehen darüber hinaus Identitätsfragen (Thorn und Wischmann 2008). Weiterhin sollten Wunscheltern bedenken, dass sie im fortgeschrittenen Alter ein höheres Sterberisiko haben (z. B. beträgt das Sterberisiko eines Mannes, der bei Geburt seines Kindes 50 Jahre alt ist, 15 % bis das Kind 15 Jahre alt ist, bei einem 60-Jährigen beträgt es 30 %) und die Wahrscheinlichkeit gesundheitlicher Einschränkungen erhöht ist. Optimalerweise findet die psychosoziale Beratung und Aufklärung sowohl vor dem Eingriff des Social Freezings statt als auch nochmalig vor dem Einsetzen der befruchteten Eizellen. Diese Beratung sollte ausreichend Zeit und einen geschützten Raum bieten, um Bedenken, Sorgen und Wünsche angemessen berücksichtigen zu können, damit Ratsuchende eine informierte Entscheidung bezogen auf ihre individuelle Lebenssituation treffen können. Gleichzeitig werden auf gesellschaftspolitischer Ebene Maßnahmen zu treffen sein, die Methoden der medizinisch unterstützen Fortpflanzung möglichst selten erforderlich machen. Dazu gehören nicht nur das Wohlwollen gegenüber jungen Eltern, sondern konkrete Unterstützungsmaßnahmen wie z. B. finanzierbare Kinderbetreuungsmöglichkeiten, hochwertige Ganztagsschulen und eine bessere gesellschaftliche Absicherung von Kindererziehung und Pflegearbeit. Nur so kann minimiert werden, dass auf gesellschaftliche Entwicklungen mit medizinischen Lösungen reagiert wird.

Dr. Petra Thorn
Familientherapeutin, Mörfelden

Neue Reproduktionstechnologien und die Ordnung der Familie

Assistierte Empfängnis ist in Deutschland bis heute ein kritisches Unterfangen. Leihmutterschaft und Eizellspende sind gesetzlich untersagt, den Personenkreis für die erlaubten Verfahren der heterologen Insemination und der In-vitro-Befruchtung schränken die betreffenden Richtlinien der Bundesärztekammer stark ein. Die Leih- oder Tragemutter, die Eizellspenderin, der Samenspender (den der SPD-Entwurf eines Fortpflanzungsmedizin-Gesetzes im Jahr 1989 ebenfalls kriminalisieren wollte): Sie alle gelten weiterhin als Fremdkörper, deren Eindringen in die Familieneinheit verhindert oder – wie es die meisten Reproduktionsmediziner empfehlen – zumindest mit aller Konsequenz verschleiert werden muss.

Mein Beitrag hat den Versuch unternommen, diese heutigen Vorbehalte gegen die assistierte Empfängnis von der Konstituierung der Kleinfamilie im späten 18. Jahrhundert her zu analysieren. Denn das Idealbild der blutsverwandten Kernfamilie, so könnte man sagen, hat zweihundert Jahre lang seine uneingeschränkte Macht entfaltet. Am Anfang stand die Emphase des Familienidylls und die Dämonisierung von Randfiguren wie der Amme durch Rousseau und andere Autoren; seit den 1970er Jahren sorgen Verfahren wie die endgültig verbreitete Samenspende, die In-vitro-Fertilisation und die Leihmutterschaft für eine zunehmende Öffnung und Ausweitung dieser Einheit. In der deutschen Rechtsprechung und auch in der öffentlichen Debatte, die sich in Fernseh-Talkshows oder Zeitungsplädoyers weitgehend auf den Modus von Pro und Kontra beschränkt, werden die meisten dieser Technologien immer noch als Bedrohung der Familie empfunden.

Meine Beschäftigung mit der gegenwärtigen Praxis der Reproduktionsmedizin in den letzten Jahren – Forschungsaufenthalte in Samenbanken, Leihmutter-Agenturen und IVF-Zentren zwischen Kalifornien, Deutschland und Osteuropa, Begegnungen mit Ärzten, Vermittlern, betroffenen Eltern und Kindern – hat allerdings mehr und mehr den entgegengesetzten Eindruck hervorgebracht. Anfang des 21. Jahrhunderts, so die immer wieder bestätigte Wahrnehmung, scheinen es gerade die wuchernden, „unreinen", durch Unterstützung von Dritten und Vierten entstandenen Familien zu sein, die ein seit Jahrzehnten brüchig gewordenes, symbolisch ausgezehrtes Lebensmodell wieder mit neuer Repräsentationskraft versorgt haben. Eine auffällige historische Überschneidung veranschaulicht diese These: Denn die entscheidenden Durchbrüche in der Geschichte der Reproduktionsmedizin fallen genau in jenes Jahrzehnt, in dem das traditionelle Konzept der Familie infolge der Umbrüche von 1968 in seine tiefste Krise geraten ist. Die Inflation der Scheidungsraten, der Rückgang der Kinderzahl, die emanzipatorische Selbstbestimmung der Frauen, die sich nicht mehr mit der bloßen Rolle als Mutter begnügen wollen, die Verheißungen einer freien, verhüteten Sexualität, der grundsätzliche Überdruss an bürgerlichen Existenzweisen: In den Siebzigerjahren des 20. Jahrhunderts zerfasert eine Lebensform, die lange Zeit als maßgebliches soziales Modell, als viel beschworene „Keimzelle der Gesellschaft" gedient hat. „Der Tod der Familie" heißt der 1971 erschienene Klassiker des Psychiaters David Cooper, und auch in den folgenden Jahren verzichtet kaum eine historische, soziologische oder psychoanalytische Bestandsaufnahme zum Thema darauf, auf die „Krise der Familie" hinzuweisen.

Die neuen Optionen, durch extrakorporale Befruchtung oder die Hinzu-
nahme fremder Gameten Kinder zu zeugen und Familien zu gründen, fallen
also genau in diese Phase hoher sozialer Labilität. Was seit dem Ende der Sieb-
zigerjahre geschieht, die reproduktionsmedizinisch hergestellte Elternschaft
von Menschen, die als unfruchtbar galten, später auch von älteren Frauen,
Alleinstehenden und gleichgeschlechtlichen Paaren, mag zwar politisch oder
religiös überlieferte Vorstellungen des Gebildes „Familie" verletzen. In erster
Linie eröffnet sie aber einem Personenkreis Zugang zu diesem Lebensmodell, der zuvor aus gesundheitlichen oder biologischen Gründen ausgeschlossen war und ihm daher umso emphatischer begegnet. Ein Kind zu bekommen,
ist in diesen Fällen keine Selbstverständlichkeit mehr, kein zufälliger oder
zwangsläufiger Effekt sexueller Aktivität, sondern das Ziel eines lang gehegten Wunsches. Und diese Konstellation hat dafür gesorgt, dass die sogenannten
„Regenbogenfamilien", wie ich es in meinem Beitrag zu zeigen versucht habe,
heute immer wieder als harmonische Musterfamilien dargestellt werden.

Prof. Dr. Andreas Bernard
Leuphana Universität Lüneburg

Von starren zu atmenden Lebensläufen: Berufliche Integration von Frauen und Fertilität

Zeit, Geld, Infrastruktur: Elemente einer neuen Familienpolitik

Deutschland hat seit 1970 rückläufige Geburtenzahlen (Stock et al. 2012) und
folgt dem Trend der hoch entwickelten Industrieländer. Mit zunehmender
Bildung junger Frauen eröffnen sich mehr Optionen und Zukunftsperspekti-
ven für die eigene Gestaltung des Lebenslaufs, die sich bei vorhandenen ökonomischen Bedingungen und Verhütungsmitteln realisieren lassen. Seit der
Weltfrauenkonferenz 1994 akzeptiert weltweit die Mehrheit der Staaten die
Emanzipation der Mädchen und jungen Frauen durch Bildung und Aufklärung auch zur Begrenzung des Bevölkerungswachstums (UNFPA 2005, 2015).
Deutschland liegt mit 1,4 Kindern pro Frau mit einigen anderen Staaten, etwa
Japan, besonders weit vorn, was nicht mehr zum Bestandserhalt der Bevölke-
rung ausreicht.

Die neue Familienpolitik, von Renate Schmidt initiiert und von Ursula von
der Leyen fortgesetzt, versucht mit der Infrastruktur für Kinderbetreuung mit
Nordeuropa gleichzuziehen. Mit dem Rechtsanspruch auf Teilzeittätigkeit
und dem einkommensabhängigen Elterngeld wurde zugleich gesetzlich die

frühkindliche Fürsorgezeit der beruflichen Arbeitszeit gleichgestellt. Diese Familienpolitik basiert auf drei Säulen (Bertram et al. 2006): der Infrastruktur für Kinder von der Krippe bis zum Hort, der Geldpolitik, damit die Eltern sich der Fürsorge widmen, wenn das für die Kinder besonders wichtig ist (einkommensabhängiges Elterngeld), und einer Zeitpolitik, um die Fürsorge für Kinder und die berufliche Entwicklung als eine Balance dieser verschiedenen Lebensbereiche leben zu können.

Bildung, männliche Hegemonie und die Struktur des Lebenslaufs
Der Vergleich der Geburtenentwicklung in Ländern, in denen noch heute etwa 2 Kinder pro Frau geboren werden, mit Deutschland (Ost wie West) zeigt bei der Analyse der letzten 25 Jahre Ähnlichkeiten, aber auch signifikante Unterschiede. Auf 1.000 Frauen bis zum 30. Lebensjahr werden in Frankreich 1.000 und mehr Kinder geboren, in den USA sogar 1.400 Kinder, was der gesamten deutschen Geburtenrate entspricht. Auch in Schweden sind es noch 800 Kinder gegenüber 600 Kindern in den alten und etwa 700 in den neuen Bundesländern. Die Entwicklung und der Einsatz des weiblichen Humankapitals in der Arbeitswelt war in den postindustriellen Gesellschaften eine Voraussetzung für ihre ökonomische Entwicklung, was sich sogar in der jüngsten Finanz- und Wirtschaftskrise von 2008 zeigt. Deutschland hat zwischen 2008 und 2013 anders als die übrigen europäischen Länder konsequent in Sozial- und Erziehungsberufe investiert mit dem Effekt, dass von den 1 Million neuen versicherungspflichtigen Arbeitsplätzen rund 750.000 für Frauen waren. Das duale Berufsbildungssystem ermöglicht den akademischen Berufen die Integration in den Arbeitsmarkt ebenso wie den mittleren Qualifikationen mit Fachschule und Berufsqualifikation. Durch das duale System befinden sich in Deutschland die meisten 18- bis 24-Jährigen in Ausbildung, obwohl sie zugleich teilweise schon berufstätig sind. In den USA arbeiten dagegen knapp 40 % der Frauen und etwa 50 % der Männer dieser Altersgruppe nach Abschluss der Highschool bereits in einem Normalarbeitsverhältnis.

Die meisten westlichen Gesellschaften interpretieren Ehe und Familie kulturell als eine gemeinsame, eigenständige, von den Eltern und vom Staat unabhängige Lebensgestaltung von zwei ökonomisch selbstständigen Erwachsenen, die bereit sind, für Kinder zu sorgen; die Entscheidung ist erst nach Abschluss der Berufsausbildung und Eintritt ins Berufsleben zu treffen. Daher werden in Deutschland mit 70 % der unter 24-Jährigen in Ausbildung weniger Kinder geboren als in den USA. Zwar verfügen mehr Amerikaner über einen akademischen Abschluss – von den Frauen 38 % –, aber 62 % der amerikanischen weiblichen Bevölkerung haben höchstens den Highschool Abschluss. In

Deutschland haben 21 % der Frauen einen akademischen Abschluss, aber nur 17 % aller Frauen haben keinen Berufsabschluss, jedoch eine Schulbildung etwa auf Abiturniveau.

Alle internationalen Vergleiche (OECD) messen nur den Höchstabschluss, sodass für Deutschland immer ein Bildungsdefizit konstatiert wird. Dabei wird übersehen, dass – bezogen auf die Gesamtbevölkerung – die Bildungsphase für die Mehrheit der Männer und Frauen in den USA wie in den anderen europäischen Ländern mit dem allgemeinbildenden Schulabschluss mit 18 Jahren beendet ist, während in Deutschland die große Mehrheit der jungen Erwachsenen sich über das 18. Lebensjahr hinaus weiterbildet. Nach aktueller Datenlage ist bei diesem Bildungssystem als einem zentralen Element für die ökonomisch gute Entwicklung Deutschlands eine Veränderung des Fertilitätsverhaltens in jüngeren Jahren ausgeschlossen. Durch den späteren Berufseintritt ist die potenzielle Reproduktionsphase gegenüber anderen Ländern signifikant verkürzt.

Das dominante, dem klassischen Lebenslauf eines männlichen Beamten, Angestellten und Arbeiters nachgeformte Berufssystem begrenzt die Reproduktion zusätzlich (Stock et al. 2012). Diese Modelle wurden mit Bismarcks Sozialreformen in das Renten- und Pensionssystem übersetzt und kennen bei der Karriereplanung und -umsetzung keine Fürsorgezeiten. Damals hatte der bürgerliche Vater als Leitbild genug zu verdienen, damit die Hausfrau und Mutter die Fürsorge für die Kinder erledigen konnte („traditionell warm", Hochschild 1998), was für die Industriegesellschaft kongenial war, weil der Dreischichtenbetrieb der Industrie und die Fürsorge für Kinder kaum in Übereinstimmung zu bringen waren.

Der Berufsverlauf der Industriegesellschaft endet relativ starr mit dem 65. bzw. heute 67. Lebensjahr, und die Entscheidungen für die berufliche Entwicklung fallen in allen Karriereberufen zwischen dem 30. und 40. Lebensjahr, also in der Zeit, in der heute in Deutschland die Hauptphase der produktiven Tätigkeit und der Fürsorge für die Kinder zusammenfallen. Bis heute werden die Nachteile aus der Bereitschaft zur Fürsorge in der beruflichen Karriere nicht einmal ansatzweise ausgeglichen, und das gilt so gut wie für alle Länder (OECD). In den DAX-Unternehmen gibt es mit 30 Jahren gleich viele junge Frauen und Männer als potenziellen Führungsnachwuchs; mit 34 Jahren hat sich der Anteil der Frauen halbiert, und bei den Spitzenpositionen unterhalb der Vorstandsebene finden sich mit Mitte 40 noch 2–3 % Frauen (A.T. Kearny 2012), ähnlich wie im öffentlichen Dienst (Bertram und Deuflhard 2014). Das dokumentiert, dass die Berufsverläufe in Karriereberufen die Fürsorgezeiten „bestrafen". Daher werden sich die Belastungen von

Männern und Frauen nicht angleichen, weil zunehmend mehr Männer es vorziehen, bis zum 40. Lebensjahr auf Ehe und Familie zu verzichten. Die Entscheidung für Kinder immer weiter hinauszuschieben, ist den jungen Frauen aber nicht möglich.

Reproduktion, Fürsorge und Karriere: Warm-moderne Lebensläufe
Der hohe Anteil junger Erwachsener bis 24 Jahre im Ausbildungssystem ist direkte Folge der Bildungsreformen der 1970er Jahre; damals waren auch in Deutschland 50 % der Mütter ohne berufliche Qualifikation und nur mit allgemeinbildendem Schulabschluss. Die auf 1000 Frauen bis zum 24. Lebensjahr fast 400 Kinder in Frankreich oder fast 800 in den USA gegenüber 200 in Deutschland sind teilweise auch Ergebnis der geringeren Qualifikation der Frauen gegenüber Deutschland. Auch in Schweden ist die Reproduktion der jungen Frauen gering, doch gibt es dort mit über 1000 Kindern auf 1000 Frauen über 30 Jahren gegenüber weniger als 800 in Deutschland ein neues Profil der späteren Entscheidung für Kinder. Daher setzt die neue Familienpolitik stark auf die 30- bis 40-Jährigen.

Bis heute fehlen wissenschaftliche wie politische Ansätze, um die Fürsorge für Kinder oder für die ältere Generation ohne Nachteile im späteren Berufsleben in diese Lebensphase zu integrieren. Die Politik, hier allein in der Entscheidungsgewalt, hat es nicht geschafft, die beruflichen Lebensverläufe im öffentlichen Dienst – wichtigster Arbeitgeber für junge Frauen – und anderen Bereichen so zu gestalten, dass aus einem starren linearen Lebenslaufkonzept ein atmender Lebenslauf wird. Solange die beruflichen Lebensverläufe über ineinandergreifende Karrierestufen, das Senioritätsprinzip und die permanente Verfügbarkeit am Arbeitsplatz gesteuert werden und gleichzeitig ein Teil der Bevölkerung (ob Vater oder Mutter) Fürsorgezeiten zwischen dem 30. und 40. Lebensjahr benötigt, werden auf allen Karrierestufen immer genügend Bewerber zur Verfügung stehen, die keine Fürsorge leisten. Daher sollte die Lebensarbeitszeit nicht mit einem festen Eintritts- und Austrittsalter verbunden sein, sondern wie bei einer Lebensversicherung nur die Dauer der Maßstab sein. Bei 45 Jahren Lebensarbeitszeit lassen sich diese Jahre auf einen längeren Zeitraum verteilen. Der Industriearbeiter oder Handwerker fängt mit 18 bis 20 Jahren an und arbeitet bis zum 63. oder 65. Lebensjahr, der Lehrer oder die Medizinerin wird mit 25 Jahren tätig und arbeitet bis zum 70. Lebensjahr bei 45 Jahren Berufstätigkeit oder bis zum 65. Lebensjahr bei 40 Jahren. Die erwartbare Unterstützung aus Rente und Pension wird nicht erst am Lebensende gezahlt, sondern schon bei Unterbrechungen im Lebensverlauf (berufliche Qualifikation oder Fürsorge) und aus den erwartbaren Ansprüchen finanziert; die für Fürsorge oder Bildung benötigte Zeit wird hinten angehängt. Der Siebte Familienbericht (Bertram 2006) hat entsprechend vorgeschlagen, im öffentlichen Dienst die jetzt im Fürsorge- und Sozialbereich hierarchisch getrennten Ausbildungssysteme zwar bestehen zu lassen, aber systematisch zu verknüpfen. So kann eine Erzieherin mit 22 Jahren für 45 Jahre Lebensarbeitszeit anfangen, eine Kinderphase einlegen, mit 35 Jahren ein Studium aufnehmen, etwa als Juristin, um mit 45 Jahren als Richterin bis zum 75. Lebensjahr tätig zu sein. Angesichts der gestiegenen Lebenserwartung und gestiegenen Vitalität der Bevölkerung ist das eine Chance, die beruflichen Lebensläufe neu zu organisieren. Statt eines Berufs für das ganze Leben werden Unterbrechungen und Neuentwürfe der beruflichen Entwicklung als produktiver Teil der Lebensbiografie interpretiert. Wenn das für alle möglich und gelebter Standard wird, verschwinden die jetzt bestehenden Diskriminierungen. Dieses Konzept entspricht dem „warm-modernen" Modell von Hochschild und organisiert die Lebensverläufe so, dass sich Frauen wie Männer in gleicher Weise an der Fürsorge für Kinder beteiligen können, ohne dafür gesellschaftlich bestraft zu werden.

Atmende Lebensläufe als subjektiv gewählte Lebensgestaltung
Solche Modelle setzen sich nur durch, wenn die Politik und die gesellschaftlichen Gruppen sie konzipieren und rechtlich ermöglichen. Die Subjekte müssen diese auch konstruktiv nutzen, was bedeutet, dass Planung und Gestaltung des eigenen Lebenslaufs zum Unterrichtsgegenstand in Schule, Beruf und Universität gehört. Auch gut aufgeklärte junge Erwachsene wissen wenig über die zeitlich-biologischen Begrenzungen der Reproduktion und schätzen die Möglichkeiten medizinischer Interventionen hoch ein, ohne die Folgen und Erfolgschancen realistisch einzuschätzen (Stock et al. 2012). Daher müssen die jungen Erwachsenen hinsichtlich ihrer Zukunftsgestaltung auch diese Fragen neu aufgreifen. Im Konzept der „atmenden Lebensläufe" für gut aufgeklärte junge Erwachsene findet die moderne Reproduktionsmedizin einen festen Platz. Es gilt, die Möglichkeiten dieser Technologien zu vermitteln, und in den Fällen zu nutzen, wo trotz aller sozialen und kulturellen Maßnahmen keine weitere Möglichkeit besteht, den bestehenden Kinderwunsch zu erfüllen; hier ist auch das Social Freezing eine wichtige Komponente.

Prof. Dr. Hans Bertram
Institut für Sozialwissenschaften, Humboldt-Universität zu Berlin

Die bildungspolitische Perspektive

4

Die Entwicklung neuer reproduktionstechnischer Möglichkeiten und aktuelle gesellschaftliche Tendenzen der Lebensgestaltung bringen den Bedarf mit sich, auch im schulischen Kontext einen Blick auf reproduktionsmedizinische Themenfelder, wie das Social Freezing, zu werfen. Entsprechend fordern die Kultusministerkonferenz und die landesspezifischen Lehrpläne für das Fach Biologie eine fachlich fundierte und unter bioethischen Aspekten geführte diskursive Auseinandersetzung. Hatte der Biologieunterricht bisher das Ziel, durch sensiblen Fachunterricht zu Methoden der Empfängnisverhütung Teenager-Schwangerschaften zu vermeiden, müssen heute auch spätere Lebensphasen zur zeitlich eingeschränkten Fertilität des Menschen in den Blick genommen werden.

Damit bewegt sich der Unterricht im Fach Biologie über die reine Vermittlung von Wissen hinaus und stellt explizit bioethische Kontroversen zu reproduktionsmedizinischen Techniken in den Mittelpunkt. So macht der Kernlehrplan für die Sekundarstufe II in NRW für das Fach Biologie deutlich: „Durch die Entwicklungen in den Gebieten der Stammzellforschung, Gentechnik und Fortpflanzungsmedizin [...] befindet sich die Biologie zunehmend im Überschneidungsbereich von fachlichen Inhalten und gesellschaftlichen Werten und Normen" (MSW NRW KLP SII Biologie 2008, S. 11). Insbesondere die Richtlinien zur Sexualerziehung in NRW zeigen auf, dass „ethische Fragen, die durch die medizinisch-technischen Möglichkeiten aufgeworfen werden, [...] im Unterricht ebenso berücksichtigt werden [sollen] wie die seelischen und körperlichen Belastungen, die neue Reproduktionstechniken mit sich bringen können" (MSW NRW 1999 Richtlinien zur Sexualerziehung). In diesem Zusammenhang hat das Fach Biologie die Aufgabe, eine umfassende biologisch-naturwissenschaftliche Grundbildung zu gewährleisten, die sowohl Kompetenzen der ethischen Bewertung als auch Handlungskompetenzen umfasst.

© Springer Fachmedien Wiesbaden GmbH 2017
K. van der Ven et al., *Social Freezing*, essentials,
DOI 10.1007/978-3-658-17942-7_4

Diese Ansprüche an einen modernen Biologieunterricht führen über die Form des „Aufklärungsunterrichts" vergangener Tage weit hinaus. Nicht mehr nur Bau und Funktionen von Geschlechtsorganen, Aspekte der menschlichen Embryonalentwicklung, Schwangerschaft und Schwangerschaftsabbruch sowie Möglichkeiten der Empfängnisverhütung sind relevante Bildungsgegenstände, sondern auch die zeitlich limitierte reproduktive Phase des Menschen und die damit verknüpften biologischen Grenzen der menschlichen Fertilität. Wissen über biologische Ursachen und lebenspraktische Auswirkungen der eigenen fruchtbaren Lebensphase stellt die Grundlage für einen selbstbestimmten Lebensentwurf dar. Im Bewusstsein ihrer biologischen Determinierungen können Schüler damit auch in einem aufklärenden Biologieunterricht lebensplanerische Gestaltungsmöglichkeiten entdecken und auf dieser Grundlage persönliche Entscheidungen treffen. Damit rücken verschiedene Lebensphasen des Menschen unter sehr unterschiedlichen biologischen und medizinethischen Aspekten in den Fokus von Schulunterricht. Wie bei anderen Themenfeldern schon lange üblich, bietet es sich auch hier an, externe Expertise zu nutzen. Von Bedeutung sind hier die Zentren für psychosoziale Kinderwunschberatung. Ein früher Kontakt der Schülerinnen und Schüler mit Kinderwunschberatungsstellen senkt für spätere Lebensabschnitte die Hemmschwelle, dort Rat einzuholen. In Beratungsgesprächen werden Wunscheltern über kurz- und mittelfristige Folgen der invasiven reproduktionstechnischen Verfahren aufgeklärt und zum Treffen von Entscheidungen befähigt. Dabei hat sich eine zweiphasige Vorgehensweise bewährt. Ratsuchende finden psychosoziale Unterstützung in einer ersten Phase unmittelbar vor dem Eingriff und eine weitere Beratung vor dem Einsetzen befruchteter Eizellen.

Ziel der Bildungsarbeit in der Schule ist, neben einer adressatengerechten Sachinformation der Schülerinnen und Schüler, auch die Förderung von Bewertungskompetenz. Letztere meint in diesem Zusammenhang das ethische Bewerten biomedizinischer Möglichkeiten. Erst die Befähigung zur selbstständigen Auseinandersetzung mit in der Gesellschaft diskursiv geführten Debatten führt zu einer begründeten eigenen Urteilsfindung. Dabei spielen der Umgang mit Pro- und Kontra-Argumenten, Handlungsoptionen und gesellschaftlichen Normen und Werten eine entscheidende Rolle. In einem solchen Unterricht ist auch mit Irritationen und Problemen zu rechnen, da die reproduktionsmedizinischen Themen oft emotional aufgeheizt diskutiert werden und Schüler sogar persönlich betroffen sein können. Vor persönlicher Betroffenheit sind zudem auch Lehrkräfte nicht gefeit, wenn z. B. bei einer Lehrerin im gebärfähigen Alter ein ausgeprägter Kinderwunsch unerfüllt bleibt. Die Anforderungen an einen modernen Biologieunterricht setzen neben einer gründlichen Informiertheit der Lehrerinnen und Lehrer auch eine fundierte fachdidaktische Bildung voraus und damit die Kompetenz, im naturwissenschaftlichen Unterricht ethisches Bewerten und Urteilen fördern zu können. Dies erfordert Wissen um Möglichkeiten einer Unterrichtsarchitektur, in der das biomedizinische Thema mehrperspektivisch behandelt wird, Empathie für gegnerische Standpunkte wachsen kann und das Fördern von Toleranz und Respekt Ausdruck findet. Die gesellschaftlich relevanten Diskurse zu reproduktionsmedizinischen Themen finden damit auch im Biologieunterricht ihren Widerhall. Meinungsvielfalt und Ergebnisoffenheit werden erfahrbar. Die nötige kontroverse unterrichtliche Auseinandersetzung mit ihnen macht damit auch im Biologieunterricht Demokratieerziehung möglich.

Die ethische Perspektive

Die Möglichkeiten der modernen Fortpflanzungsmedizin, wie am Social Freezing aufgezeigt, werden in unserer Gesellschaft ethisch kontrovers diskutiert. Menschen fragen sich, ob reproduktionsmedizinische Techniken der Frau wirklich Freiheit vom Druck der tickenden, biologischen Uhr verschaffen oder ob das Kinderkriegen jenseits der natürlichen Grenzen lediglich den wirtschaftlichen Aspekten von Unternehmen untergeordnet werden soll. Ist die vermeintliche reproduktive Gleichberechtigung daher eher eine Illusion? Verschafft die Nutzung von Social Freezing tatsächlich Unabhängigkeit von natürlichen Lebensphasen und fördert damit die Selbstbestimmung der Frau? Zu diesem Konflikt lassen sich unterschiedliche und widersprüchliche moralische Auffassungen beobachten, die auf der Basis der Ethik, als philosophischer Theorie, untersucht und gedeutet werden können.

Moral umfasst damit individuelle und gesellschaftliche Vorstellungen über das, was als gut oder schlecht angesehen bzw. bewertet wird. Handlungen jedes Einzelnen werden durch die Gesellschaft an moralischen Maßstäben gemessen, die auf gesellschaftlichen Werten und Normen beruhen. Werte sind Eigenschaften, die der Mensch Objekten, Ideen oder Beziehungen zuordnet. Man kann sagen, dass Werte Kriterien sind, die der Mensch hat, um seine Umwelt zu beurteilen. Diese Kriterien beziehen sich dabei auf erwünschte Zielzustände, wie z. B. materieller Wohlstand oder auf erwünschtes Verhalten wie z. B. Schutz der Natur (nach Standop 2005). Im Gegensatz zu Werten, die Menschen besitzen, stellen Normen Regelungen unserer Gesellschaft dar, die allgemein akzeptiertes Verhalten definieren. Sie dienen zum Schutz von gesellschaftlichen Werten und sind oftmals in Form von Regelungen und Gesetzen niedergelegt. Für den einzelnen dienen sie somit als Handlungsorientierung. Normen sind dabei nicht ewig gesetzt, sondern bedürfen der fortwährenden Legitimation durch die Gesellschaft (Eggert und Hößle 2006).

© Springer Fachmedien Wiesbaden GmbH 2017
K. van der Ven et al., *Social Freezing*, essentials,
DOI 10.1007/978-3-658-17942-7_5

Die Befürwortung oder Ablehnung der reproduktionsmedizinischen Techniken, die eine Empfängnis durch Social Freezing erst ermöglichen, beruhen auf unterschiedlichen Konzepten von Autonomie. Das einflussreichste Autonomiekonzept der Philosophie ist das von Immanuel Kant, das auf der Selbstverpflichtung des Menschen als vernunftbegabtem Wesen beruht, einem als vernünftig anerkannten Handlungsprinzip zu folgen. Dessen Universalitätsanspruch im Sinne des kategorischen Imperativs macht es für individuelle Entscheidungen in medizinethischen Fragestellungen jedoch „zu anspruchsvoll" (Krause 2016). Demgegenüber betont das Autonomiekonzept von John Stuart Mills die Dimension der individuellen Freiheit, solange diese nicht die Freiheiten anderer berührt, verfüge doch niemand über bessere Erkenntnisse der eigenen Lebensumstände und Gefühle als der Betroffene selbst. Hierauf berufen sich Befürworter der reproduktiven Selbstbestimmung der Frau und deren Recht auf selbstverantwortete Verschiebung der biologischen Fruchtbarkeitsgrenze. Dieses liberale Autonomieverständnis wird jedoch insofern infrage gestellt, als Wertepräferenzen und Selbstbestimmungsfähigkeit nie völlig losgelöst von ihren sozialen Kontexten entstehen und von diesen mit determiniert werden. Diesem relationalen Autonomiekonzept folgend, verweisen Kritiker des Social Freezings auf die Grenzen der Selbstbestimmung, wenn Frauen diesbezüglich etwa dem Druck wirtschaftlich-gesellschaftlicher Erwartungen nachgeben.

Aus ethischer Sicht lässt sich an dieser Stelle das Prinzip der Menschenwürde ergänzen, aus dessen Betrachtung sich weitere Argumente für moralische Handlungsoptionen und moralisch fundierte Entscheidungen ergeben. Vom Prinzip der Menschenwürde leitet sich im deutschen Grundgesetz das Recht auf Leben und körperliche Unversehrtheit ab. Jeder invasive medizinische Eingriff bedarf der ausdrücklichen Zustimmung des Ratsuchenden. Eine informierte Zustimmung kann nur nach ausführlicher Beratung und Offenlegung von Maßnahmen, Nebenwirkungen und Risiken erfolgen. Die mit reproduktionsmedizinischen Maßnahmen verknüpften zeitlichen, sozial-personalen und räumlich-körperlichen Entgrenzungen machen daher frühe Beratung notwendig, die von Anfang an über jeden der Folgeschritte aufklärt. Eine der medizinischen Schrittfolge angepasste sukzessive Beratung ist aus ethischen Gründen abzulehnen, da Konsequenzen der invasiven Eingriffe von Beginn an mitbedacht werden müssen und nur dann von der Seite der Patientinnen eine informierte Entscheidung getroffen werden kann. Eine umfassende medizinische und psychosoziale Beratung sollte vor der Anwendung jeglicher Methode der assistierten Reproduktion, also auch dem Social Freezing stehen. Kernpunkte der Aufklärung müssen sein: die erhöhte Rate an körperlichen Fehlbildungen nach IVF oder ICSI Therapie, zusätzliche gesundheitliche Konsequenzen für Kinder durch eine verlängerte Embryonenkultur bzw. den Einsatz von derzeit nicht klar definierten Kulturmedien. Die individuellen Schwangerschaftschancen in Relation zum Alter bei Kryokonservierung der

Oozyten als auch bei deren späterer Nutzung müssen klar herausgestellt werden. Da das Risiko einer Mehrlingsschwangerschaft in jedem Alter mit der Zahl der transferierten Embryonen steigt, ist eine sorgfältige Risiko/Nutzen Abwägung unter Berücksichtigung der individuellen Schwangerschaftschancen und des Gesundheitsstatus der Patientin bei der Nutzung der Eizellen obligatorisch. Auch wenn höhergradige Mehrlingsschwangerschaften nicht die Regel sind, muss die Reduktion überzähliger Embryonen, genannt Fetozid, als maximale Maßnahme bei maternaler oder fetaler Gefährdung eine Ausnahme sein und bleiben.

Das Entnehmen und Einfrieren von Eizellen, wie es beim Social Freezing geschieht, unterliegt dem persönlichen, autonomen Entscheidungsprozess privater Personen. Dennoch erscheint das Social Freezing in der öffentlichen Diskussion moralisch irritierend zu sein. Billigung und Missbilligung sind als gegensätzliche Pole einer ethischen Kontroverse gleichermaßen beobachtbar. In der aktuellen Diskussion sind drei verschiedene Formen der Übergriffigkeit festzustellen. Die Missbilligung von Social Freezing könnte als moralische Übergriffigkeit bewertet werden, wenn sie auf individuellen Vorurteilen beruht, die Merkmale einzelner Personen darstellen und damit keine intersubjektive Verbindlichkeit beanspruchen. Würden im Gegensatz dazu besondere Vorstellungen einzelner Personen von weiteren Personen geteilt werden, könnte daraus eine moralische Verbindlichkeit entstehen. Von sozialer Übergriffigkeit spricht man, wenn für intime Entscheidungen öffentliche Gründe verlangt werden und daraus unberechtigte Rechtfertigungsforderungen abgeleitet werden. Ökonomische Übergriffigkeit könnte beim Prozess der Optimierung der Vereinbarkeit von beruflichen Zielen und Kinderwünschen entstehen, nämlich genau dann, wenn das Optimierungsbemühen vertraglicher Teil eines Arbeitsverhältnisses wird. Damit würden die verschiedenen Bereiche der Familie als Fortpflanzungsgemeinschaft, die berufliche Selbstverwirklichung und das ökonomische Interesse von Unternehmern an frei verfügbaren Arbeitskräften miteinander verknüpft, die naturgemäß unterschiedlichen Wertestrukturen folgen. Es lässt sich diskutieren, ob die Vermischung dieser verschiedenen Wertebereiche eher ein Ausdruck gesellschaftlichen Optimierungsstrebens oder eine ökonomische Übergriffigkeit darstellt. Angemessenes Optimierungsverhalten kann im Gegensatz zur „Übergriffigkeit" durchaus positiv bewertet werden.

Social Freezing – Ethische Fragen

Hinführung

Der Begriff „Social Freezing" ist unpräzise, da nicht klar ist, was hier eingefroren wird. Es geht um das Einfrieren von menschlichen Eizellen, also um „Social Egg Freezing". Der Begriff „social" steht dafür, dass es hier um ein Einfrieren von Eizellen geht, ohne dass dafür eine medizinische Indikation vorliegt. Eine medizinische Indikation wäre zum Beispiel, wenn man vor einer

Krebsbehandlung, bei der die Gefahr besteht, dass die Ovarien oder auch Eizellen geschädigt werden, einer Patientin vor der Therapie Eizellen entnimmt, um sie später für eine künstliche Fortpflanzung zu verwenden. Beim Social Freezing friert man Eizellen ein ohne eine solche medizinische Indikation. Eine Motivation für ein solches Social Freezing könnte sein, dass eine Frau zunächst eine Berufskarriere machen will, sich daher mit zwanzig Jahren eigene Eizellen entnehmen und einfrieren lässt, dann ihren Berufswunsch erfüllt, und die Eizellen schließlich mit vierzig Jahren für einen Kinderwunsch verwendet. Statistiken zeigen, dass die Zahl der betreffenden Nutzerinnen sehr gering ist und dass es eher um alleinstehende Frauen geht, die diese Methode nutzen.

Naturwissenschaftliche Fragen

Für die Befruchtung einer eingefrorenen und dann aufgetauten Eizelle braucht man eine In-vitro-Fertilisation (IVF). Ein solche hat – je nach Labor – eine Erfolgschance von etwa 25 % (vgl. zum Folgenden Beck 2016, S. 136 ff.). Wenn Eizellen etwa 20 Jahre eingefroren sind, sinkt diese Erfolgsrate. Schon bei einer „normalen" IVF stellen sich bestimmte Fragen: Erstens geht es um das Problem, ob die am häufigsten verwendete Methode der IVF, die sogenannte intracytoplasmatische Spermieninjektion (ICSI), bei der direkt ein Spermium in die Eizelle gespritzt wird, garantieren kann, dass man nicht geschädigte Spermien in die Eizelle einbringt. Man kann diese Spermien zwar untersuchen auf ihre Morphologie, also ihr Aussehen, ihre Beweglichkeit und die Zahl der Spermien im Ejakulat, aber nicht auf ihre Genetik, denn dabei werden sie zerstört. Es kann also sein, dass man bei der ICSI-Methode ein genetisch geschädigtes Spermium in die Eizelle injiziert. Dies wäre eine Erklärung für die etwas erhöhte Schädigungsrate dieser Kinder (Herzfehler, Nierenschäden) gegenüber normal gezeugten. Zweitens hat man neuerdings herausgefunden, dass auch die Nährlösungen, in denen die Embryonen bis zu 6 Tagen herangezüchtet werden, einen Problembereich darstellen. Diese Lösungen enthalten Antibiotika, sie sind nicht standardisiert und es ist nicht deklariert, welche Inhaltsstoffe in welcher Menge enthalten sind. Neue Studien scheinen zu zeigen, dass diese Nährlösungen möglicherweise für weitere Schäden der Kinder im Kontext von Bluthochdruck verantwortlich sind (Lenzen-Schulte 2015). Drittens werden immer noch, da die Erfolgsquote der IVF nicht sehr hoch ist, mehrere Embryonen implantiert (jeder einzelne neigt zusätzlich zur Zwillingsbildung) und dann werden, weil Mehrlingsschwangerschaften Risikoschwangerschaften sind, ein oder zwei der Embryonen mit einem sogenannten Fetozid wieder getötet. Diese bleiben dann bis zur Geburt des einen überlebenden Embryos im Mutterleib (vgl. dazu Breunlich 2016).

Ethische Reflexion

Was bedeutet das aus der Sicht der Ethik für das Social Freezing? Ein Grundprinzip der Ethik ist das der Menschenwürde. Nach dem deutschen Grundgesetz folgt daraus das Recht auf Leben und körperliche Unversehrtheit. Jeder invasive medizinische Eingriff (schon eine Spritze oder eine Blutabnahme) ist eine „Versehrung" und Körperverletzung. Diese Maßnahme darf daher nur mit der Zustimmung des Patienten durchgeführt werden. Dazu muss der Patient vorher über die jeweilige Maßnahme, Nebenwirkungen und Risiken aufgeklärt werden. Das nennt die Medizin den informed consent, die informierte Zustimmung. Die Eizellentnahme mit vorausgehender nicht ganz risikofreier Hormonstimulation (damit mehrere Eizellen heranreifen), ist ein solch invasiver Eingriff. Wenn also Eizellen im Zuge des Social Freezings entnommen werden soll, um sie für eine spätere In-vitro-Fertilisation zur Herbeiführung einer Schwangerschaft zu nutzen, müsste die Patientin von Anfang an über die möglichen Risiken der IVF informiert werden und nicht erst später, nachdem die Eizelle schon entnommen und eingefroren ist und es für eine normale Zeugung womöglich schon zu spät ist. Es scheint so zu sein, dass oft nur schrittweise aufgeklärt wird, die Patientin sich Eizellen entnehmen lässt und dann erst später auf die Probleme hingewiesen wird. Das ist ethisch nicht zu rechtfertigen.

Prof. Dr. med. Dr. theol. Mag. pharm. Matthias Beck
Institut für Moraltheologie, Universität Wien

Social Freezing und die Selbstbestimmung der Frau

Die reproduktionsmedizinische Möglichkeit des Social Freezings (SF) hat in der Medien- und Fachwelt eine große Resonanz erfahren. Während Befürworter betonen, dass das Konservieren von Eizellen Frauen die Freiheit vom Druck der biologischen Uhr verschaffe (Abé 2014), heben Kritiker hervor, dass Frauen durch das Angebot einer Marktlogik und der Illusion von Selbstbestimmung unterworfen würden (vgl. Martinelli et al. 2015). Im Folgenden soll aus philosophisch-ethischer Sicht kursorisch umrissen werden, von welcher Form der Selbstbestimmung Befürworter und Kritiker des SF sprechen.

Das wohl einflussreichste Autonomiekonzept (griech. autos = selbst; nomos = Gesetz), der Philosophie ist dasjenige Immanuel Kants (Kant 2005/1785), der darin die Selbstverpflichtung des Menschen sieht, moralisch zu handeln. Nur solche Handlungsprinzipien gelten als autonom, deren Befolgung von vernünftigen Wesen gewollt, die also im Sinne des kategorischen Imperativs allgemeines Gesetz werden können. Dementsprechend ist für Kant entscheidend, dass die Selbstverpflichtung zu einem solchen Prinzip bedeutet, dass dieses aus der Reflexion und Abstraktion persönlicher Vorlieben und Interessen hervorgeht. Der Universalisierungsanspruch an Prinzipien macht jedoch das Autonomiekonzept Kants für Belange medizinethischer Fragestellungen oftmals zu anspruchsvoll. Kants sehr abstraktes Konzept umfasst zudem nicht die Bedeutung von Entscheidungen für das individuelle Leben, was ein wesentlicher Aspekt auch in der Debatte um das SF ist.

Ein Autonomiekonzept, das die Dimension der individuellen Freiheit in der Autonomie stark macht, ist das John Stuart Mills (Mill 2009/1859). Jeder Mensch habe ein Recht darauf, so zu leben wie er es für richtig hält, solange dadurch nicht die Freiheit der anderen berührt werde. Leitend ist die Idee, dass ein jeder bessere Erkenntnismittel über seine eigenen Lebensumstände und Gefühle hat, als es ein anderer je zu haben vermag. Darum fällt alles, was das Individuum allein betrifft, auch in sein Bestimmungsfeld. Vor allem Autoren, die die reproduktive Autonomie der Frauen und ihr Recht auf Verschiebung der biologischen Fruchtbarkeitsgrenzen betonen, schließen sich einem solchen Autonomiekonzept an und heben hervor, dass – sofern alle relevanten Informationen vorliegen – die persönlichen Präferenzen des Einzelnen die Grundlage des Handelns bilden sollten; also die Inanspruchnahme des SF eine Entscheidung ist, die jeder für sich treffen kann und sollte (vgl. Bernstein und Wiesemann 2014).

Was dieses liberale Verständnis von Autonomie jedoch weitgehend unberücksichtigt lässt, ist die Tatsache, dass Menschen Präferenzen nie in völliger Unabhängigkeit ausbilden, sondern der größere soziale Kontext maßgeblich dazu beiträgt. Relationale Autonomiekonzepte betonen deshalb, dass die sozialen Bedingungen die Selbstbestimmungsfähigkeit und die Wahrnehmung von Handlungsoptionen beeinflussen. Eine solche Vorstellung von Autonomie wird (oftmals implizit) von Kritikern des SF vertreten, wenn sie bspw. betonen, dass aufgrund wirtschaftlich-gesellschaftlicher Erwartungen aus der Möglichkeit des SF die Pflicht zum SF erwachsen könne (Beck-Gernsheim 2016, S. 55) und somit die Idee von Selbstbestimmung unterlaufen werde.

Innerhalb der Philosophie und Medizinethik kommt dem Prinzip der Autonomie ein hoher Stellenwert zu. Allerdings gibt es verschiedene Vorstellungen davon, was Autonomie auszeichnet und welche Aspekte besonderes Gewicht tragen. Am Beispiel des SF wird deutlich, dass eine Ablehnung oder Befürwortung unter dem Aspekt der Selbstbestimmung von Frauen jeweils auf den Annahmen verschiedener Autonomiekonzepte basiert.

Dr. Franziska Krause
Institut für Ethik und Geschichte der Medizin, Universität Freiburg

Schwangerschaftsethik – Moralische, soziale und ökonomische Übergriffigkeiten

Da es beim Social Freezing (SF) um das Entnehmen und Einfrieren von Eizellen geht, das medizinisch assistiert auf Wunsch einer Frau oder eines Paares stattfindet, scheint die Maßnahme ganz im autonomen Entscheidungskontext privater Personen zu stehen. SF ist anderen Bereichen der Medizin näher, wie bspw. medizinisch nicht-indizierten Schönheitsoperationen oder IGeL-Leistungen, als der Forschung, Diagnostik und dem Umgang mit menschlichen Embryonen in vitro oder in utero. Dennoch erscheint SF moralisch irritierend zu sein. Eine gewisse moralische Missbilligung regt sich in vielen. Um diese Missbilligung und ihre Rechtfertigung geht es im Folgenden.

Dabei soll unter Ethik eine philosophische Theorie verstanden werden, in deren Rahmen eine Moral untersucht, erforscht, gedeutet, artikuliert wird. Unter Moral sollen die üblichen und erwartbaren, aber vielfältigen und widersprüchlichen moralischen Auffassungen in einer Gesellschaft verstanden werden. In gewissem Sinne ist die Moral die materiale Basis der Ethik.

Man mag in diesem Sinne eine krude Schwangerschaftsethik aus unserer kulturell verankerten Moral formulieren: „Es gibt keine Pflicht zur Zeugung oder zur Nicht-Zeugung von Kindern. Risiken der Eizellentnahme sind bedenkenswert. Biografische Phasen können oder müssen voneinander getrennt werden. Alte Eltern sind möglicherweise schlechtere als jüngere. Arbeitgeber haben sich nicht in Kinderwunschplanung einzumischen. Geburten sollten der Natur oder dem Zufall des Lebens überlassen werden. SF ist Ausdruck eines bedenklichen Optimierungswahns." – Wenn man über SF diskutiert, scheinen diese Thesen einigermaßen einschlägig als Grundlage einer Billigung oder Missbilligung der fraglichen Maßnahmen.

Man wird drei Arten von Übergriffigkeit ausmachen können: 1) Moralische, 2) soziale und 3) ökonomische Übergriffigkeit.

1. Wir billigen alles Mögliche oder wir missbilligen es moralisch. Vielleicht sind diese Urteile nur individuelle Vorurteile – oder Idiosynkrasien. Moralische Idiosynkrasien mögen objektiv gültig sein, ihre intersubjektive Verbindlichkeit setzt voraus, dass sie intersubjektiv geteilt werden oder dass es gute Gründe gibt, einige Idiosynkrasien zu verwerfen. Sonst ist die Forderung nach intersubjektiver Verbindlichkeit moralisch übergriffig.

2. Wenn man SF in die öffentliche Diskussion zieht, untersucht man auch im Rahmen ethischer Überlegungen öffentliche Gründe für eine moralische Billigung oder Missbilligung. Moralische Gründe dienen auch dem Verstehen

und Artikulieren der eigenen moralischen Urteile. Sie können, müssen aber nicht als Begründung im Sinne von moralischer Rechtfertigung gedeutet werden. Unberechtigte Rechtfertigungsforderungen sind sozial übergriffig, weil sie öffentliche Gründe fordern, für letztlich intime Entscheidungen. Bisweilen wollen und müssen wir nur unsere Gründe artikulieren, ohne dass wir unter einer privaten oder öffentlichen Rechtfertigungsforderung stünden.

3. Im Kontext des SF geht es um die Optimierung der Vereinbarkeit von beruflichen Ziele und Kinderwünschen. Dabei wird diese Optimierungsbemühung als vertraglicher Bestandteil des Arbeitsverhältnisses konzipiert. Es werden also Phasen und Bereiche des Lebens miteinander verbunden, die unterschiedlichen Wertstrukturen folgen, welche man eher voneinander isoliert halten sollte. Die Familie als Reproduktionsgemeinschaft, die Realisierung beruflicher Selbstverwirklichung und das ökonomische Interesse eines Unternehmens an guten und engagierten Arbeitnehmern stellen in jedem Fall bisweilen unvereinbare Wertbereiche dar, die im Rahmen des SF miteinander verbunden werden. Allerdings ist diese Verquickung unterschiedlicher Wertbereiche vielleicht doch eher nur ein Ausdruck von Optimierung als von ökonomischer Übergriffigkeit.

Dabei ist „Optimierung" im Gegensatz zu „Übergriffigkeit" nicht eindeutig negativ wertend. Optimierung kann daher gut sein, wenn sie angemessen ist. Sie kennt aber ein Zuviel oder ein Zuwenig. Und man würde sie entsprechend moralisch kritisieren. Die unterschiedliche Bewertung des individuellen Optimierungsstrebens kann man, auch im Rahmen des SF, auf unterschiedliche moralische Auffassungen zurückführen, wie die öffentlichen, privaten, ökonomischen und intimen Bereiche unseres Lebens voneinander abzugrenzen sind. Insbesondere wenn jede Schwangerschaftsethik damit vereinbar sein sollte, dass es weder eine Pflicht zur Zeugung noch eine zur Nicht-Zeugung von Kindern gibt, erscheint der Wunsch nach SF vielleicht idiosynkratisch billigens- oder missbilligenswert. Aber niemand ist in diesem Kontext irgendwem gegenüber rechtfertigungspflichtig. Wir sollen das öffentlich akzeptieren.

Dr. Andreas Vieth
Philosophisches Seminar, Westfälische Wilhelms-Universität Münster

Fazit

6

Die moralischen Auffassungen zum Social Freezing sind in der öffentlichen Debatte divers und facettenreich. Sie machen deutlich, dass es in der aktuellen Schwangerschaftsethik um unterschiedliche Bewertungen des individuellen Optimierungsstrebens geht und darum, wie wir in Zukunft die öffentlichen, privaten, ökonomischen und intimen Lebensbereiche voneinander abgrenzen wollen. Für einen gelingenden ethischen Diskurs sind urdemokratische gesellschaftliche Merkmale von größter Bedeutung. Toleranz, Wertschätzung und schließlich die Anerkennung gegensätzlicher Standpunkte sind die Grundpfeiler einer offenen Gesellschaft, die sich den Herausforderungen der Fortschritte in der Reproduktionsmedizin stellen muss. Reproduktive Autonomie und berufliche Selbstverwirklichung sind für moderne junge Frauen erstmalig in der Geschichte zum Greifen nah. Der gesellschaftliche, ethische Diskurs könnte trotz der großen Vielfalt der moralischen Auffassungen in einen grundlegenden Konsens münden, nämlich den, dass niemand Frauen eine Rechtfertigungspflicht auferlegt.

© Springer Fachmedien Wiesbaden GmbH 2017
K. van der Ven et al., *Social Freezing*, essentials,
DOI 10.1007/978-3-658-17942-7_6

Was Sie aus diesem *essential* mitnehmen können

- Frauen können auch bei nicht-medizinischer Indikation nach ovarieller Stimulation Oozyten als Fertilitätsreserve kryokonservieren lassen (= Social Freezing).
- Grundlegende Reformen im deutschen Bildungssystem führten zu nachhaltigen gesellschaftlichen Veränderungen, die späte Elternschaften begünstigen.
- Fortpflanzungsmedizin wurde bildungspolitisch jahrzehntelang mit sexueller Aufklärung und Methoden der Verhütung in Verbindung gebracht. Heute erscheint es angemessen, die vernachlässigte Fertilitätsproblematik in die Schulcurricula aufzunehmen.

© Springer Fachmedien Wiesbaden GmbH 2017
K. van der Ven et al., *Social Freezing,* essentials,
DOI 10.1007/978-3-658-17942-7

Literatur

Abé N (2014) Gefrorene Zeit – Warum das Konservieren von Eizellen Frauen Freiheit verschafft. Der Spiegel 29:44–45

Allensbacher Berichte (2007) Unfreiwillige Kinderlosigkeit. http://www.ifd-allensbach.de/uploads/tx_reportsndocs/prd_0711.pdf. Zugegriffen: 4 Nov. 2016

Andersen CY et al (2012) Long-term duration of function of ovarian tissue transplants: case reports. Reprod Biomed Online 25:128–132

ASRM Practice Committee (2013) Mature oocyte cryopreservation: a guideline. The Practice Committees of the American Society for Reproductive Medicine and the Society for Assisted Reproductive Technology. Fertil Steril 99(1):37–43

Barclay K, Myrskylä M (2015) Advanced maternal age and offspring outcomes: Reproductive aging and counterbalancing period trends. Popul Dev Rev 42(1):69–94

Beck M (2016) Hippokrates am Scheideweg. Medizin zwischen naturwissenschaftlichem Materialismus und ethischer Verantwortung. Ferdinand Schöningh, Paderborn

Beck-Gernsheim E (2016) Die Reproduktionsmedizin und ihre Kinder: Erfolge – Risiken – Nebenwirkungen. Residenz, Salzburg

Bernstein S, Wiesemann C (2014) Should postponing motherhood via "Social Freezing" be legally banned? An ethical analysis. Laws 3:282–300

Bertram H, Deuflhard C (2014) Die überforderte Generation. Arbeit und Familie in der Wissensgesellschaft. Barbara Budrich, Opladen

Bertram H et al (2006) Siebter Familienbericht: Familie zwischen Flexibilität und Verlässlichkeit – Perspektiven einer lebenslaufbezogenen Familienpolitik. Berlin: BMFSFJ, Bundestag-Drucksache 16/1360

Breunlich B (2016) Fetozid bei Mehrlingsschwangerschaft. Medizinische, psychologische, ethische und rechtliche Aspekte. NWV, Wien

Chen C (1986) Pregnancy after human oocyte cryopreservation. Lancet 1:884–888

Chian RC et al (2008) Obstetric outcomes following vitrification of in vitro and in vivo matured oocytes. Fertil Steril 2009 Jun 91(6):2391–2398. doi: 10.1016/j.fertnstert.2008.04.014. (Epub 2008 Jun 24)

Cobo A, Diaz C (2011) Clinical application of oocyte vitrification: a systematic review and meta-analysis of randomized controlled trials. Fertil Steril 96(2):277–285

Cobo A et al (2014) Obstetric and perinatal outcome of babies born from vitrified oocytes. Fertil Steril 102(4):1006–1015

© Springer Fachmedien Wiesbaden GmbH 2017
K. van der Ven et al., *Social Freezing*, essentials,
DOI 10.1007/978-3-658-17942-7

Cobo A et al (2016) Oocyte vitrification as an efficient option for elective fertility preservation. Fertil Steril 105:755–764

Cordes T, Göttsching H (2013) Endokrine Kontrolle der Ovarfunktion. In: Diedrich K, Ludwig M, Griesinger G (Hrsg) Reproduktionsmedizin. Springer, Berlin

DIR (Hrsg) (2015) Deutsches IVF Register. Jahrbuch 2014. J Reprodmed Endokrinol 12(6):37

Dittrich R, Hackl J, Lotz L, Hoffmann I, Beckmann MW (2015) Pregnancies and live births after 20 transplantations of cryopreserved ovarian tissue in a single center. Fertil Steril 103:462–468

Doyle JO et al (2016) Successful elective and medically indicated oocyte vitrification and warming for autologous in vitro fertilization, with predicted birth probabilities for fertility preservation according to number of cryopreserved oocytes and age at retrieval. Fertil Steril 105:459–466.e2

Eggert S, Hößle C (2006) Bewertungskompetenz im Biologieunterricht. PdN-BioS 1(55):1–10

Eichinger T (2013) Entgrenzte Fortpflanzung – Zu ethischen Herausforderungen der kinderwunscherfüllenden Medizin. In: Maio G, Eichinger T, Bozarro C (Hrsg) Kinderwunsch und Reproduktionsmedizin. Karl Alber, Freiburg, S 65–95

Fabbri R et al (2012) Cryopreservation of ovarian tissue in pediatric patients. Obstet Gynecol Int 2012:1–8

Friebel S (2013) Umbrüche in der Reproduktionsmedizin. In: Maio G, Eichinger T, Bozarro C (Hrsg) Kinderwunsch und Reproduktionsmedizin. Karl Alber, Freiburg, S 41–48

Golombok S et al (1996) The European study of assisted reproduction families: family functioning and child development. Hum Reprod 11:2324–2331

Groll T (2014) Social Freezing. Der eingefrorene Lebensentwurf. http://www.zeit.de/karriere/2014-10/social-freezing-freiheit-lebensentwurf-frauen. Zugegriffen: 4 Nov. 2016

Hochschild AR (2013) Ideals of care: traditional, postmodern, cold-modern, warm-modern. In: Hansen KV, Garey AI (Hrsg) Families in the U.S. Kinship and domestic politics. Temple University Press, Philadelphia, S 527–537

Human Fertilisation & Embryology Authority (2016) New report shows IVF cycles are on the rise but few involve frozen eggs. http://www.hfea.gov.uk/10256.html. Zugegriffen: 4 Nov. 2016

Jensen AK et al (2015) Outcomes of transplantations of cryopreserved ovarian tissue to 41 women in Denmark. Hum Reprod 30:2838–2845

Kant I (2005) Grundlegung zur Metaphysik der Sitten. In: Weischedel W (Hrsg) Immanuel Kant. Werke in sechs Bänden, Bd IV. Wissenschaftliche Buchgesellschaft, Darmstadt, S 11–102 (Erstveröffentlichung 1785)

Kearny AT (2012) Analyse der Karriere-Pfade. PowerPoint-Beitrag, München

Kollek R (2010) Neuere Entwicklungen in der Reproduktionsmedizin. Impulsreferat Deutscher Ethikrat, 22. Juli 2010. http://www.ethikrat.org/dateien/pdf/praesentation-von-regine-kollek-am-22.07.2010-reproduktionsmedizin.pdf. Zugegriffen: 4 Nov. 2016

Kuleshova L, Gianaroli L, Magli C, Ferraretti A, Trounson A (1999) Birth following vitrification of a small number of human oocytes: Case Report. Hum Reprod 14(12), S 3077–3079

Lenzen-Schulte M (2015) Künstliche Befruchtung. Fehlerhafte Programmierung in der Retorte. http://www.faz.net/aktuell/wissen/medizin-ernaehrung/gefaessschaeden-bei-kuenstlich-durch-ivf-gezeugte-kinder-entdeckt-13865397.html. Zugegriffen: 4 Nov. 2016

Levi Setti PE et al (2014) Human oocyte cryopreservation with slow freezing versus vitrification. Results from the National Italian Registry data, 2007–2011. Fertil Steril 102:90–95.e2

Lewis G (2011) Chapter 1: The women who died 2006–2008. In: Centre for Maternal and Child Enquiries (CMACE). Saving Mothers' Lives: Reviewing maternal deaths to make motherhood safer: 2006–2008. The eighth report on confidential enquiries into maternal deaths in the United Kingdom. BJOG 118 (Suppl. 1), S 30–56

Liebenthron J et al (2015) Orthotopic ovarian tissue transplantation – results in relation to experience of the transplanting centers, overnight tissue transportation and transplantation into the peritoneum. Hum Reprod 30(Supp 1):i97–i98

Luyckx V et al (2013) Evaluation of cryopreserved ovarian tissue from prepubertal patients after long-term xenografting and exogenous stimulation. Fertil Steril 100:1350–1357

Martinelli L, Busatta L, Galvagni L, Piciocchi C (2015) Social egg freezing – a reproductive chance or smoke and mirrors? Croat Med J 56:387–391

Mill JS (2009) Über die Freiheit. Meiner, Hamburg (Erstveröffentlichung 1859)

Ministerium für Schule, Wissenschaft und Forschung des Landes Nordrhein-Westfalen (Hrsg) (1999) Richtlinien für die Sexualerziehung in Nordrhein-Westfalen, S 16. https://www.schulministerium.nrw.de/docs/Schulsystem/RuL/Richtlinien-fuer-die-Sexualerziehung-in-NRW.pdf. Zugegriffen: 11. Apr. 2017

Nawroth F (2015) Social freezing. Springer, Berlin

Nawroth F, Wolff M von (2015) Social freezing – dürfen wir alles, was möglich ist? Frauenarzt 56:1097–1101

Nawroth F et al (2012) Kryokonservierung von unbefruchteten Eizellen bei nicht-medizinischen Indikationen („social freezing"): aktueller Stand und Stellungnahme des Netzwerkes FertiPROTEKT. Frauenarzt 53:528–533

Noyes N, Reh A, McCaffrey C, Tan O, Krey L (2009) Impact of developmental stage at cryopreservation and transfer on clinical outcome of frozen embryo cycles. Reprod Biomed Online 19(Suppl. 3):9–15

Palermo G, Joris H, Devroey P, Van Steirteghem AC (1992) Pregnancies after intracytoplasmic injection of single spermatozoon into an oocyte. Lancet 340(8810):17–18

Rieger L, Kämmerer U, Singer D (2014) Sexualfunktion, Schwangerschaft und Geburt. In: Pape HC, Klinke R, Silbernagl S, Kurtz A (Hrsg) Physiologie 7. Aufl. Thieme, Stuttgart

Romundstad LB et al (2008) Effects of technology or maternal factors on perinatal outcome after assisted fertilisation: a population-based cohort study. Lancet 372:737–743

Scherrer U et al (2012) Systemic and pulmonary vascular dysfunction in children conceived by assisted reproductive technologies. Circulation 125(15):1890–1896

Schmidhuber M (2013) Veränderungen im Selbstverständnis personaler Identität durch die Reproduktionsmedizin. In: Maio G, Eichinger T, Bozarro C (Hrsg) Kinderwunsch und Reproduktionsmedizin. Karl Alber, Freiburg, S 137–149

Solé M et al (2013) How does vitrification affect oocyte viability in oocyte donation cycles? A prospective study to compare outcomes achieved with fresh versus vitrified sibling oocytes. Hum Reprod 28:2087–2092

Standop J (2005) Werte-Erziehung. Einführung in die wichtigsten Konzepte der Werteerziehung. Beltz, Weinheim

Steptoe PC, Edwards RG (1978) Birth after the reimplantation of a human embryo. Lancet 2(8085):366

Stock G et al (Hrsg) (2012) Zukunft mit Kindern. Fertilität und gesellschaftliche Entwicklung in Deutschland, Österreich und der Schweiz. Campus, Frankfurt

Thorn P (2013) Gleichgeschlechtliche Familien mit Kindern nach Samenspende – ein Überblick über die Studienlage und aktuelle Diskussionen. In: Maio G, Eichinger T, Bozarro C (Hrsg) Kinderwunsch und Reproduktionsmedizin. Karl Alber, Freiburg, S 381–399

Thorn P, Wischmann T (2008) Leitlinien für die psychosoziale Beratung bei Gametenspende. J Reproduktionsmed Endokrinol 3:147–152

UNFPA (2005) State of world population 2005: the promise of equality. Published by the United Nations Population Fund UNFPA, New York

UNFPA (2015) Girlhood, not motherhood: preventing adolescent pregnancy. Published by the United Nations Population Fund UNFPA, New York

Ven H van der et al (2016) FertiPROTEKT network. Ninety-five orthotopic transplantations in 74 women of ovarian tissue after Cytotoxic treatment in a fertility preservation network: tissue activity, pregnancy and delivery rates. Hum Reprod Jul 4. pii:dew165

Wischmann TJ (2008) Psychosoziale Entwicklung von IVF-Kindern und ihren Eltern. J Reproduktionsmed Endokrinol 5(6):329–334

Wolff M von, Stute P (2015) Cryopreservation and transplantation of ovarian tissue exclusively to postpone menopause: technically possible but endocrinologically doubtful. Reprod Biomed Online 31:718–721

Wolff M von et al (2015a) Fertility-preservation counselling and treatment for medical reasons: data from a multinational network of over 5000 women. Reprod Biomed Online pii:1472–6483

Wolff M von, Germeyer A, Nawroth F (2015b) Fertility preservation for non-medical reasons – controversial but increasingly common. Dtsch Arztebl Int 112:27–32

Wolff M von, Germeyer A, Nawroth F (2015c) In Reply: Anlage einer Fertilitätsreserve bei nichtmedizinischen Indikationen: Kontrovers diskutiert, aber zunehmend praktiziert. Dtsch Arztebl Int 112:613

Wunder D (2013) Social freezing in Switzerland and worldwide – a blessing for women today? Swiss Med Wkly 143:w13746

Zweifel J, Covington S, Applegarth L (2012) "Last-chance kids": a good deal for older parents – but what about the children? Sex, Reprod Menopause 2012(4 May):4–12

Printed in the United States
By Bookmasters